普通高等院校"十四五"规划化学专业特色教材
普通高等院校化学精品教材

精细化工配方原理 与剖析实验

主　　编　　杨永生
副主编　　张艳波　　彭雄义　　刘德政
　　　　　　刘丽君　　杨　铭
编　　者　　李　伟　　李　明　　吕少仿
　　　　　　张圣祖　　张金生　　刘秀英
　　　　　　琚海燕　　蔡永双

华中科技大学出版社
http://www.hustp.com
中国·武汉

内 容 提 要

本书从生活实际的角度出发,侧重讨论了精细化工产品配方设计的原理,剖析了配方生产过程中各种主原料、辅助原料、助剂等的选择方法,详细描述了各种配方的具体实验过程,同时给予读者相当的实践操作空间。

图书在版编目(CIP)数据

精细化工配方原理与剖析实验/杨永生主编.—武汉:华中科技大学出版社,2021.9
ISBN 978-7-5680-7314-1

Ⅰ.①精… Ⅱ.①杨… Ⅲ.①精细化工-化工产品-配方 ②精细化工-化学实验 Ⅳ.①TQ072 ②TQ062-33

中国版本图书馆 CIP 数据核字(2021)第 188110 号

精细化工配方原理与剖析实验　　　　　　　　　　　　　　　　　　　杨永生　主编
Jingxi Huagong Peifang Yuanli yu Pouxi Shiyan

策划编辑:王汉江
责任编辑:刘艳花　李　露
封面设计:廖亚萍
责任校对:阮　敏
责任监印:周治超
出版发行:华中科技大学出版社(中国·武汉)　　　电话:(027)81321913
　　　　　武汉市东湖新技术开发区华工科技园　　　邮编:430223
录　　排:武汉市洪山区佳年华文印部
印　　刷:武汉开心印印刷有限公司
开　　本:787mm×1092mm　1/16
印　　张:11.5
字　　数:300 千字
版　　次:2021 年 9 月第 1 版第 1 次印刷
定　　价:32.80 元

前　言

　　化学作为自然科学的一门基础学科,对于人类的生产生活具有极为重要的作用。精细化工是当今化学工业中最具活力的新兴领域之一,是新材料领域的重要组成部分。精细化工产品种类多、附加值高、用途广、产业关联度大,直接服务于国民经济的诸多行业和高新技术产业的各个领域。大力发展精细化工已成为世界各国调整化学工业结构、提升一体化化学工业产业能级和扩大经济效益的战略重点。精细化工产品是经深度加工的、技术密集度高和附加价值高的化学品,要进行精细化工产品的生产,就要先研究精细化工产品的配方。化工配方是一门古老而又年轻的科学,它为人们解决日常生产生活中遇到的问题及挑战提出了行之有效或可能的方法。对精细化工配方进行设计要有坚实的理论基础,需要掌握配方设计原理,然后进行技术调查,最后设计配方。

　　本书从生活实际的角度出发,侧重讨论了精细化工产品配方设计的原理,剖析了配方生产过程中各种主原料、辅助原料、助剂等的选择方法,详细描述了各种配方的具体实验过程,同时给予读者相当的实践操作空间。本书内容涉及皮肤用化妆用品、家用化学品、消毒杀菌剂、日常用蜡制品、金属表面处理剂等。特别的是,本书以各种实验方法的具体步骤作为主要篇幅,以加深读者对精细化工的了解,方便读者实践。还需着重说明的是,本书的各种化工配方实验,都是实用性强、制作方法简单易学、原料方便易得,并具有一定经济效益的实验。

　　本书受到了武汉纺织大学教育教学项目建设经费的资助,编写过程中得到了武汉纺织大学李伟、李明、张圣祖、刘仰硕、吕少仿等老师的指导与帮助,张艳波、琚海燕、刘秀英等老师的支持,杨铭、冯宇琴、张钢、武亚琪、余韵滋、周凡雨和马文霞等的大力协助,在此谨致谢忱!

　　日常生活或生产实践中涉及的精细化工产品范围极广,且该课程与其他基础学科,如生物、物理、医学等的知识融合深刻,限于编者水平,书中难免有疏漏或不妥之处,恳请兄弟院校的有关教师和广大的读者朋友们批评指正。

编　者

2021 年 7 月于武汉纺织大学

目　　录

第一章　精细化妆品

实验 1　十二烷基硫酸钠的合成

一、实验目的

(1) 掌握高级醇硫酸酯盐型阴离子表面活性剂的合成原理和合成方法。

(2) 了解高级醇硫酸酯盐型阴离子表面活性剂的性质和用途。

(3) 学习泡沫性能的测定方法。

二、实验原理

1. 主要性质和用途

十二烷基硫酸钠(sodium dodecyl sulfate, SDS)是重要的脂肪醇硫酸酯盐型阴离子表面活性剂。脂肪醇硫酸钠为白色或淡黄色固体,易溶于水,泡沫丰富,去污力和乳化性都比较好,有较好的生物降解性,耐硬水,适用于低温洗涤,易漂洗,对皮肤刺激性小。

十二烷基硫酸钠是硫酸酯盐型阴离子表面活性剂的典型代表。熔点为 $180 \sim 185 \ ℃$,在 $185 \ ℃$ 时分解,易溶于水,有特殊气味,无毒。它的泡沫性能、去污力、乳化力都比较好,能被生物降解,耐碱、耐硬水,但在强酸性溶液中易发生水解,稳定性较磺酸盐差。可用于制作矿井灭火剂、牙膏起泡剂、洗涤剂、高分子合成用乳化剂、纺织助剂及其他工业助剂。

2. 合成原理

(1) 由月桂醇与氯磺酸或氨基磺酸作用后经中和而制得,反应原理如下:

$$C_{12}H_{25}OH + ClSO_3H \rightarrow C_{12}H_{25}OSO_3H + HCl$$

$$C_{12}H_{25}OSO_3H + NaOH \rightarrow C_{12}H_{25}OSO_3Na + H_2O$$

(2) 用氨基磺酸硫酸化:

$$C_{12}H_{25}OH + NH_2SO_3H \rightarrow C_{12}H_{25}OSO_3NH_4$$

三、主要仪器和试剂

电动搅拌器、电热套、研钵、电子天平、氯化氢吸收装置、罗氏泡沫仪、三口烧瓶(100 mL)、滴液漏斗(60 mL)、烧杯(50 mL、250 mL、500 mL)、温度计(0~100 ℃、0~150 ℃)、量筒(10 mL、100 mL)。

月桂醇、氯仿、氯磺酸、氢氧化钠溶液(质量分数为 5%、30%)、甲醇、硫酸硅胶 G、pH 试纸。

四、实验内容

1. 用氯磺酸硫酸化

在装有温度计、电动搅拌器和通过空气冷凝管加装的恒压滴液漏斗上口连接的带干燥剂氯化氢吸收装置的 100 mL 三口烧瓶中加入 31 g 月桂醇。控温 25 ℃，在充分搅拌下用滴液漏斗于 30 min 内缓慢滴加 12 mL 氯磺酸，滴加时温度不要超过 30 ℃，注意会起泡沫，勿使物料溢出。加完氯磺酸后，在(30±2) ℃的温度下反应 2 h，反应过程中产生的氯化氢气体用质量分数为 5% 的氢氧化钠溶液吸收。

硫酸化结束后，将硫酸化物缓慢地倒入盛有 50 g 冰和水的混合物的 250 mL 烧杯中(冰：水=2：1)，同时充分搅拌，外面用冰水浴冷却。最后用少量水把三口烧瓶中的反应物全部洗出。稀释均匀后，在搅拌下滴加质量分数为 30% 的氢氧化钠溶液进行中和，直至 pH 为 7.0～8.5，在冰箱中冷却后抽滤，得白色或淡黄色产物。取样作薄层层析。用 50 mL 烧杯取 2 g 样品测固形物含量和泡沫性能。

2. 薄层层析

用玻璃棒取少量样品放入试管中，配成质量分数约为 2% 的溶液，用毛细管点样。吸附剂：硫酸硅胶 G；展开剂：氯仿：甲醇(质量分数为 5%)=80：20；展开高度：12 cm。

本产品为白色或淡黄色固体，溶于水，呈半透明溶液。实验时间为 4 h。

五、注意事项

(1) 氯磺酸遇水会分解，故所用玻璃仪器必须干燥。
(2) 氯磺酸的腐蚀性很强，使用时要戴橡胶手套，在通风橱内量取。
(3) 氯化氢吸收装置要密封好。

六、思考题

(1) 硫酸酯盐型阴离子表面活性剂有哪几种？写出结构式。
(2) 高级醇硫酸酯盐有哪些特性和用途？
(3) 滴加氯磺酸时，温度为什么不得超过 30 ℃？
(4) 产品的 pH 为什么控制为 7.0～8.5？

实验 2　十二烷基二甲基氧化胺的合成

一、实验目的

了解氧化胺类表面活性剂的合成及应用。

二、实验原理

1. 主要性质和用途

十二烷基二甲基氧化胺(dodecyl dimethyl amine oxide)是叔胺氧化生成的氧化胺,分子中含有≡N→O基团,可与水形成氢键,该基团构成了氧化胺类表面活性剂的亲水基。氧化胺类表面活性剂是一类比较特殊的表面活性剂,有人把它划归为两性表面活性剂,结构式为

$$
\begin{array}{ccc}
& R^1 & \\
& | & \\
R\!-\!N\!-\!O & or & R\!-\!\overset{\oplus}{N}\!-\!O^{\ominus} \\
& | & \\
& R^2 &
\end{array}
\qquad
\begin{array}{c}
R^1 \\
| \\
R_2
\end{array}
$$

（结构式Ⅰ）　　　　（结构式Ⅱ）

多数文献中是按结构式Ⅰ来表示氧化胺的,因此许多人认为它是非离子表面活性剂,但在与非离子表面活性剂相关的专著中几乎见不到这类表面活性剂。也许是因为原料来源的原因,在有些书中,它们被划归阳离子表面活性剂部分。在溶液中,当 pH>7 时,十二烷基二甲基氧化胺以结构式Ⅰ的形式存在,当 pH<3 时,它以阳离子的形式存在:

$$
\begin{array}{ccc}
CH_3 & & CH_3 \\
| & & | \\
C_{12}H_{25}\!-\!N\!\to\!O\ +H^+ \Longleftrightarrow C_{12}H_{25}\!-\!N^{\ominus}\!-\!O\!-\!H \\
| & & | \\
CH_3 & & CH_3
\end{array}
$$

氧化胺与各类表面活性剂有良好的配位性。它是低毒、低刺激性、易生物降解的产品。在配方产品中,它具有良好的发泡性、稳泡性和增稠性,常被用来代替尼纳尔用于香波、浴剂、餐具洗涤剂等产品。

2. 合成原理

目前此类产品在工业生产中基本上都采用双氧水氧化叔胺的工艺路线。反应过程中,双氧水过量,反应后用亚硫酸钠将其除去,由于双氧水及氧化胺对铁等某些金属离子比较敏感,合成过程中体系内常加入少量螯合剂。反应方程式如下:

$$
\begin{array}{ccc}
CH_3 & & CH_3 \\
| & & | \\
C_{12}H_{25}\!-\!N & +H_2O_2 \longrightarrow C_{12}H_{25}\!-\!N\!\to\!O\ +H_2O \\
| & & | \\
CH_3 & & CH_3
\end{array}
$$

反应温度通常控制在 $60\sim80$ ℃。由于产品的水溶液在高浓度时能形成凝胶,所以,其水溶液产品的活性物含量控制在 35% 以下,加入异丙醇可以使产品的浓度提高。产品为无色或微黄色透明体,1% 水溶液的 pH 为 $6\sim8$,游离胺含量不高于 1.5%。

三、主要仪器和试剂

三口烧瓶(250 mL)、球形冷凝管、搅拌器、温度计(0～100 ℃)、滴液漏斗(60 mL)。
十二烷基二甲基胺、双氧水、异丙醇、柠檬酸、亚硫酸钠。

四、实验内容

在装有搅拌器、球形冷凝管、温度计或滴液漏斗的250 mL的三口烧瓶中加入42.6 g十二烷基二甲基胺和0.6 g柠檬酸,向滴液漏斗中加入27.2 g 30%的双氧水。然后搅拌,升温到60 ℃,于40 min内将双氧水均匀滴入反应体系。然后将反应物升温至80 ℃,回流反应约4 h。在反应过程中,体系黏度不断增加,当搅拌状况不好时,将24 g水和20 g异丙醇的混合物加入。反应物降温到40 ℃时,加入4 g亚硫酸钠,搅拌均匀后出料。

五、注意事项

(1) 30%的双氧水对皮肤有腐蚀性,切勿溅到手上。
(2) 若双氧水滴加过快或滴加时反应温度低,则易产生积累,使反应不平稳,造成逸料。

六、思考题

(1) 典型的氧化胺类表面活性剂有哪些?
(2) 举例说明氧化胺的主要用途?

实验 3　雪花膏的配制

一、实验目的

（1）了解雪花膏的配制原理和各组分的作用。
（2）掌握雪花膏的配制方法。

二、实验原理

1. 主要性质

雪花膏（vanishing cream）是白色膏状乳剂类化妆品。乳剂是指一种液体以极细小的液滴分散于另一种互不相溶的液体中所形成的多相分散体系。雪花膏涂在皮肤上时，遇热容易消失，因此被称为雪花膏。

2. 配制原理和护肤机理

雪花膏通常是以硬脂酸和碱作用生成的肥皂类阴离子乳化剂为基础的 O/W 型乳化体膏霜。雪花膏的绝大部分成分是水，当将其敷涂于皮肤上时，其好像雪花一般能很快地消失，当水分挥发后就留下一层由硬脂酸、硬脂酸皂及保湿剂等组成的薄膜，这种薄膜能抑制表皮水分过量挥发，减少外界气候对皮肤的刺激影响，保护皮肤不致粗糙干裂，并使皮肤留香。雪花膏的特点是使用后舒适爽快，皮肤上没有油腻的感觉。经典配方的雪花膏在市场上仍占有很大的比例，加有各种动植物提取物的雪花膏在不断出现。使用了非离子、阳离子乳化剂的雪花膏是一种非油腻性的护肤用品。

多年来，雪花膏的基础配方变化不大，配方为硬脂酸皂（质量分数为 3.0%～7.5%）、硬脂酸（质量分数为 10%～20%）、多元醇（质量分数为 5%～20%）、水（质量分数为 60%～80%）。配方中，一般控制碱的加入量，使皂的质量分数占全部脂肪酸的质量分数的 15%～25%：

$$C_{17}H_{35}COOH + NaOH \longrightarrow C_{17}H_{35}COONa + H_2O$$

我国轻工业部的雪花膏标准如下。理化指标要求包括：膏体耐热、耐寒稳定性，微碱性（pH≤8.5），微酸性（pH＝4.0～7.0）；感官要求包括：色泽、香气和膏体结构（细腻，擦在皮肤上应润滑、无面条状、无刺激）。

三、主要仪器和试剂

烧杯（250 mL）、电动搅拌器、温度计、电子天平、电炉、水浴锅。
单硬脂酸甘油酯、十六醇、白油、丙二醇、氢氧化钠、氢氧化钾、香精、防腐剂、精密 pH 试纸。

四、实验内容

1. 配方

配方见表 3.1。

表 3.1　实验配方

名　　称	质量/g
单硬脂酸甘油酯	2.00
白油	2.00
十六醇	2.00
丙二醇	20.0
KOH	1.20
NaOH	0.10
尼泊金甲酯（防腐剂）	0.60
尼泊金丙酯（防腐剂）	0.40
香精	0.50
水	加至 200

2. 配制

按配方中的量分别称量单硬脂酸甘油酯、十六醇、白油、丙二醇,将称好的原料加入 250 mL 烧杯中,水、KOH 和 NaOH 称量后加入另一 250 mL 烧杯中。分别加热至 90 ℃,使物料熔化、溶解均匀。装水的烧杯在 90 ℃下保持 20 min 灭菌。然后在搅拌下将油相慢慢加入到水相中,继续搅拌,当温度降至 50 ℃时,加入防腐剂。降温至 40 ℃后,加入香精,搅拌均匀。静置、冷却至室温。调整膏体的 pH,使其在要求的范围内。

五、注意事项

（1）加入少量 NaOH 有助于增大膏体黏度,也可以不加。

（2）降温至 55 ℃以下,继续搅拌使油相分散更细,加速皂与硬脂酸结合形成结晶,出现珠光现象。

（3）降温过程中,黏度逐渐增大,搅拌带入膏体的气泡不易逸出,因此,黏度较大时不宜过分搅拌。

（4）使用工业一级硬脂酸,可使产品的色泽及存储稳定性提高。

六、思考题

（1）配方中硬脂酸的皂化百分率是多少?

（2）配制雪花膏时,为什么必须分别配制两个烧杯中的药品后再将它们混合到一起?

七、补充知识

附另外两种雪花膏配方,见表 3.2。

表 3.2　雪花膏配方

名　　称	质量分数/（％）（配方 1）	质量分数/（％）（配方 2）
硬脂酸	20.0	13.0
鲸蜡醇	0.5	1.0
硬脂醇	—	0.9
甘油硬脂酸单酯	—	1.0
矿物油	—	0.5
橄榄油	—	1.0
甘油	8.0	4.0
尼泊金异丙酯	0.4	0.2
苛性钠	0.4	—
苛性钾	—	0.4
三乙醇胺	1.2	—
香料	0.5	0.5
蒸馏水	加至 100.0	加至 100.0

实验 4　肥皂的制造

一、实验目的

（1）学习洗涤剂的基本知识，熟悉肥皂、透明皂的制造原理和方法。

（2）掌握肥皂、透明皂的制备工艺和制备技术。

二、实验原理

肥皂是高级脂肪酸金属盐（钠、钾盐为主）类的总称，包括软肥皂、硬肥皂、香皂和透明皂等。肥皂是最早使用的洗涤用品，对皮肤刺激性小，具有便于携带、使用方便、去污力强、泡沫适中和洗后容易去除等优点。因此，尽管近年来各种新型洗涤剂不断涌现，但它仍是一种深受用户欢迎的去污和沐浴用品。

以各种天然的动、植物油脂为原料，经碱皂化而制得肥皂，是目前仍在使用的生产肥皂的传统方法：

$$
\begin{array}{l}
CH_2OCOR^1 \\
| \\
CH_2OCOR^2 \\
| \\
CH_2OCOR^3
\end{array}
+3NaOH \xrightarrow{H_2O}
\begin{array}{l}
CH_2OH \\
| \\
CH_2OH \\
| \\
CH_2OH
\end{array}
+
\begin{array}{l}
R^1COONa \\
R^2COONa \\
R^3COONa
\end{array}
$$

不同种类的油脂组成有别，因此皂化时需要的碱量不同。碱的用量与各种油脂的皂化值（完全皂化 1 g 油脂所需的氢氧化钾的毫克数）和酸值有关。一些油脂的皂化值如表 4.1 所示。

表 4.1　一些油脂的皂化值

油脂	椰子油	花生油	棕仁油	牛油	猪油
皂化值	185	137	250	140	196

油脂指植物油和动物脂肪，在肥皂制作过程中它提供长链脂肪酸。由于由 $C_{12}\sim C_{18}$ 的脂肪酸所构成的肥皂洗涤效果最好，所以制作肥皂常用的油脂是椰子油（C_{12} 为主）、棕榈油（$C_{16}\sim C_{18}$ 为主）、猪油或牛油（$C_{16}\sim C_{18}$ 为主）等。脂肪酸的不饱和度对肥皂品质有一定影响。不饱和度高的脂肪酸制成的皂，质软而难成块状，抗硬水性能也较差。所以通常要对部分油脂催化加氢，使之成为氢化油（或称硬化油），然后与其他油脂搭配使用。

实验中的碱主要使用碱金属氢氧化物。由碱金属氢氧化物制成的肥皂具有良好的水溶性。由碱金属氢氧化物制得的肥皂一般称作金属皂，难溶于水，主要用作涂料的催干剂和乳化剂，不作洗涤剂使用。

皂化油脂的精炼步骤如下。

（1）脱胶处理（水化法，酸炼法）：用于除去溶解于油脂中的磷脂质、蛋白质，以及结构复杂的胶质和黏液质。

（2）脱酸处理（碱炼法）：用于除去游离酸。

（3）脱色处理（借助活性白土或活性炭进行物理吸附脱色，或进行化学氧化脱色）：用于除去油脂中的各种色素。

（4）脱臭处理（真空水蒸气蒸馏处理）：用于脱除分解产生的小分子易挥发物。

制皂的主要工艺步骤为：皂化—盐析—碱析—整理—得到皂基。

为了改善肥皂产品的外观和拓宽其用途，可引入色素、香料、抑菌剂、消毒药物、酒精、白糖等，以制成香皂、药皂或透明皂等产品。

三、主要仪器和试剂

烧杯（250 mL、400 mL）、电动搅拌器、恒温水浴锅。

牛油或羊油、棕仁油或椰子油、氢氧化钠（30%）、乙醇（95%）。

四、实验内容

（1）在 250 mL 烧杯中加入 100 mL 水和 12.5 g（0.3 mol）氢氧化钠，搅拌溶解备用。称取 49 g（0.05 mol）牛油（或羊油）和 21 g（0.03 mol）棕仁油（或椰子油）置入 400 mL 烧杯中，用热水浴加热使油脂熔化。搅拌下将碱液慢慢加入油脂，然后置入沸水浴中加热进行皂化。在皂化过程中要经常搅拌，直至反应混合物从搅拌棒上流下时形成线状并在棒上很快凝固为止。反应时间为 2～3 h。反应完毕，将产物倾入模具（或留在烧杯内）成型，冷却即成为肥皂，约 170 g。

本实验制得的产品是含有甘油的粗肥皂。实际生产中要分离甘油并对制得的肥皂进行挤压、切块、打印、干燥等机械加工操作，以得到可供应给市场的产品。

（2）实验时间为 4 h。

五、其他肥皂产品

采取与以上步骤相似的操作，改变油脂品种、配比和工艺条件，可以制备其他品种的肥皂。

1. 软肥皂

加入 43 g 大豆油（或亚麻油）、50 mL 水、9 g 氢氧化钠和 5 g 乙醇（95%）。在 80 ℃下反应，反应完成后，加水至反应混合物的总质量为 100 g，出料。由于使用了高度不饱和的油脂，所制得的产品为黄白色的透明软肥皂。软肥皂主要用于配制液体清洁液，也可作为液体合成洗涤剂的消泡剂使用。

2. 精制硬肥皂和香皂

精制硬肥皂和香皂一般以椰子油及硬化油等具有高饱和度的油脂为原料，同时要将反应后产生的甘油分离出来，使制品质地坚实耐用并有一定的抗硬水性。若在加工成型之前添加香料和色素，则可制成香皂。具体操作如下：完成皂化操作之后，保温并在剧烈搅拌下加入 70 mL 热的饱和盐水进行盐析，搅拌均匀，撤离水浴，放置材料过夜使其自然降温和分层，固液分离后取固体肥皂作进一步的成型加工。对碱液进行减压分馏，以回收其中所含的甘油。

3. 透明皂

将 10 g 牛油、10 g 椰子油和 8 g 蓖麻油加入烧杯，加热至 80 ℃使油脂混合物熔化。搅拌下快速加入 17 g 30%的氢氧化钠和 5 g 95%的乙醇的混合液。在 75 ℃的水浴上加热皂化，到达终点后停止加热。在搅拌下加入 2.5 g 甘油和由 5 g 蔗糖与 5 g 水配成的预热至 80 ℃的溶液，搅匀后静置降温。当温度下降至 60 ℃时可加入适量的香料，搅匀后出料，冷却成型，即可得到透明皂。配方中加了乙醇、甘油和蔗糖等，使产品透明、光滑、美观，而且内含保湿剂，是较好的皮肤洗洁用品。

4. 药皂

在制造精制硬肥皂或透明皂的后期，加入适量的苯酚、甲苯酚、硼酸或其他有杀菌效力的药物，可制得具有杀菌消毒作用的药皂。

六、思考题

（1）肥皂的主要特点有哪些？

（2）钠皂和钾皂有什么区别？

（3）如何去除生成的甘油？

实验5　洗发香波的配制

一、实验目的

（1）掌握洗发香波的配制方法和制备工艺。
（2）了解洗发香波各组分的作用及配制原理。

二、实验原理

1. 主要性质和分类

洗发香波（shampoo）是洗发用化妆洗涤用品，是一种以表面活性剂为主的加香产品。它不但有很好的洗涤作用，而且有良好的化妆效果。洗发香波应能去除污垢、止痒、去头屑，同时不损伤头发、不刺激头皮、不造成脱脂，使头发在洗后光亮、美观、柔软、易梳理。

洗发香波在液体洗涤剂中产量居第三位。其种类繁多，所以其配方和配制工艺也是多种多样的。对洗发香波可进行如下分类。

按表面活性剂的种类，可将洗发香波分成阴离子型、阳离子型、非离子型和两性离子型。

按适用发质可将洗发香波分为通用型、干性头发用、油性头发用和中性头发用洗发香波。

按液体的状态可将洗发香波分为透明洗发香波、乳状洗发香波、胶状洗发香波等。

按产品的附加功能，可将洗发香波分为去头屑香波、止痒香波、调理香波、消毒香波等。

在香波中添加特种原料，可改变产品的性质和外观，可制成蛋白香波、菠萝香波、草莓香波、黄瓜香波、啤酒香波、柔性香波、珠光香波等。

还有具有多种功能的洗发香波，如兼有洗发、护发作用的"二合一"香波，兼有洗发、去头屑、止痒功能的"三合一"香波等。

2. 配制原理

现代的洗发香波已突破了单纯的洗发功能，其成为集洗发、洁发、护发、美发等于一体的化妆型多功能产品。

在对产品进行配方设计时要遵循以下原则：①具有适当的洗净力和柔和的脱脂作用；②能形成丰富而持久的泡沫；③具有良好的梳理性；④洗后的头发具有光泽、潮湿感和柔顺性；⑤洗发香波对头发、头皮和眼睛来讲要有高度的安全性；⑥易洗涤、耐硬水，在常温下洗发效果应最好；⑦用洗发香波洗发，不应给烫发和染发操作带来不利影响。

在进行配方设计时，除应遵循以上原则外，还应注意表面活性剂的选择，其配伍性应良好。主要原料：①能提供泡沫和具有去污能力的主表面活性剂，其中，以阴离子表面活性剂为主；②能提高去污能力和泡沫稳定性、改善头发梳理性的辅助表面活性剂，包括阴离子型、非离子型、两性离子型表面活性剂；③赋予香波特殊效果的各种添加剂，如去头屑药物、固色剂、稀释剂、螯合剂、增溶剂、营养剂、防腐剂、染料和香精等。

3. 主要原料

洗发香波的主要原料有表面活性剂和一些添加剂。表面活性剂分主表面活性剂和辅表面活性剂两类。主表面活性剂应能使泡沫丰富，易扩散，易清洗，去污性强，并具有一定的调理作用。辅表面活性剂应具有提高泡沫稳定性的作用,使洗后的头发易梳理、易定型、光亮、快干,并具有抗静电性,其与主表面活性剂应具有良好的配伍性。

常用的主表面活性剂有:阴离子型的烷基醚硫酸盐和烷基苯磺酸盐,非离子型的烷基醇酰胺(如椰子油酸二乙醇酰胺等)。常用的辅表面活性剂有:阴离子型的油酰氨基酸钠(雷米邦)、非离子型的聚氧乙烯醚失水山梨醇单酯(吐温)、两性离子型的十二烷基二甲基甜菜碱等。

香波的添加剂主要有以下几种。增稠剂有烷基醇酰胺、聚乙二醇硬脂酸酯、羧甲基纤维素钠、氯化钠等。遮光剂或珠光剂有硬脂酸乙二醇酯、十八醇、十六醇、硅酸铝镁等。香精多为水果香型、花香型和草香型。螯合剂最常用的是乙二胺四乙酸二钠(EDTA)。常用的用于去头屑的止痒剂有硫、硫化硒、吡啶硫铜锌等。滋润剂和营养剂有液状石蜡、甘油、聚氧乙烯醚失水山梨醇单酯、羊毛酯衍生物、硅酮等,还有胱氨酸、蛋白胶原、水解蛋白和维生素等。

三、主要仪器和试剂

电炉、水浴锅、电动搅拌器、黏度计、温度计(0~100 ℃)、烧杯(100 mL、250 mL)、量筒(10 mL、100 mL)、托盘天平、玻璃棒、滴管。

脂肪醇聚氧乙烯醚硫酸钠(AES)、脂肪醇二乙醇酰胺、硬脂酸乙二醇酯、十二烷基苯磺酸钠(ABS-Na)、聚氧乙烯醚失水山梨醇单酯、苯甲酸钠、柠檬酸、氯化钠、香精、色素。

四、实验内容

1. 配方

配方见表5.1。

表 5.1　洗发香波的参考配方　　　　　　　　　　质量分数/(%)

名　　称	配方 1 (调理香波)	配方 2 (透明香波)	配方 3 (珠光调理香波)	配方 4 (透明香波)
脂肪醇聚氧乙烯醚硫酸钠	8.0	15.0	9.0	4.0
脂肪醇二乙醇酰胺	6.0	—	12.0	—
十二烷基苯磺酸钠	—	—	—	15.0
硬脂酸乙二醇酯	—	—	2.5	
聚氧乙烯醚失水山梨醇单酯	—	90		
柠檬酸	适量	适量	适量	适量
苯甲酸钠	1.0	1.0	—	—
氯化钠	1.5	1.5	—	—
色素	适量	适量	适量	适量
香精	适量	适量	适量	适量
去离子水	余量	余量	余量	余量

2. 操作步骤

(1) 将去离子水称量后加入 250 mL 烧杯中,将烧杯放入水浴锅中加热至 60 ℃。

(2) 加入 AES,控温在 60～65 ℃,并不断搅拌至原料全部溶解。

(3) 控温在 60～65 ℃,在连续搅拌下加入其他表面活性剂至全部溶解,再加入羊毛酯衍生物、珠光剂或其他添加剂,缓慢搅拌使其溶解。

(4) 降温降至 40 ℃以下,加入香精、防腐剂、色素、螯合剂等,搅拌均匀。

(5) 测 pH 值,用柠檬酸调节 pH 值为 5.5～7.0。

(6) 接近室温时加入食盐调节到所需黏度,并用黏度计测定香波的黏度。

五、思考题

(1) 洗发香波的配制原则有哪些?

(2) 洗发香波的配制原料主要有哪些?为什么必须控制香波的 pH 值?

(3) 可否用冷水配制洗发香波?如何配制?

(4) 配方中各组分的作用是什么?

六、补充知识

附洗发香波常用配方如下。

1. 透明液体香波

透明液体香波是最流行的一类香波,其一般黏度较低,选择组分时,必须考虑让其在低温下仍能保持清澈透明,配方如表 5.2、表 5.3 所示。

表 5.2 透明液体香波配方 1

名　　称	质量分数/(%)
质量分数为 33%的三乙醇胺月桂基硫酸盐	45
椰子酰单乙醇胺	2
香精、色素、防腐剂	适量
蒸馏水	加至 100

表 5.3 透明液体香波配方 2

名　　称	质量分数/(%)
月桂基氨基丙酸	10.0
质量分数为 33%的三乙醇胺月桂基硫酸盐	25.0
椰油酸二乙醇酰胺	2.5
乳酸	调 pH 至 4.5～5.0
香精、色素、防腐剂	适量
蒸馏水	加至 100.0

2. 液露香波

液露香波也称为液体乳状香波,它与透明液体香波的主要区别是组成中含有透明组分,如脂肪酸金属盐或乙二醇酯等,配方如表5.4、表5.5所示。

表 5.4　液露香波配方 1

名　称	质量分数/(％)
月桂基硫酸钠	25
聚乙二醇(400)二硬脂酸酯	5
硬脂酸镁	2
脂肪酸烷醇酰胺、香精	适量
蒸馏水	加至 100

表 5.5　液露香波配方 2

名　称	质量分数/(％)
质量分数为 30％的月桂基硫酸钠	20.00
椰油酸二乙醇酰胺	5.00
蛋黄	1.00
氯化钠	0.25
磷酸	调 pH 至 7.5～8.0
香精、色素、防腐剂	适量
蒸馏水	加至 100.00

3. 儿童香波

儿童香波应采用极温和的表面活性剂,使其具有温和的除油污作用,不刺激皮肤和眼睛。其成分常含两性表面活性剂和磺基琥珀酸衍生物,一般质量分数为 10％,不加香,pH 为 6.8～7.3,配方如表 5.6 所示。

表 5.6　儿童香波配方

名　称	质量分数/(％)
质量分数为 30％的 3-椰子酰胺基丙基二甲基甜菜碱	17.1
质量分数为 65％的三癸醚硫酸盐 4,4-EtO	8.3
聚氧乙烯(100)山梨糖醇单月桂酸酯	7.5
色素、防腐剂	适量
蒸馏水	加至 100.0

4. 膏状香波及胶凝香波

常使用高浓度月桂基硫酸钠或其他在室温下难溶解、而高于室温又能溶解的表面活性剂。为增加稠度,需加少量硬脂酸钠或皂类,配方如表5.7、表5.8所示。

表 5.7 膏状香波及胶凝香波配方 1

名 称	质量分数/(%)
月桂基硫酸钠	20.00
椰子酰单乙醇胺	1.00
单丙二醇硬脂酸酯	2.00
硬脂酸	5.00
苛性钠	0.75
香精、色素、防腐剂	适量
蒸馏水	加至 100.00

表 5.8 膏状香波及胶凝香波配方 2

名 称	质量分数/(%)
浓 MironolC2M	15
质量分数为 40% 的三乙醇胺月桂基硫酸盐	25
椰油酸二乙醇酰胺	10
羟丙基甲基纤维素	1
香精、防腐剂等	适量
蒸馏水	加至 100

5. 抗头屑香波和药物香波

可以在上述各类香波中添加适当药物,制成具有一定功效的抗头屑香波和药物香波,配方如表 5.9 所示。

表 5.9 抗头屑香波和药物香波配方

名 称	质量分数/(%)
三乙醇胺月桂基硫酸盐	15.0
月桂酸二乙醇胺	3.0
抗菌剂	0.5~1.0
色素、香精	适量
蒸馏水	加至 100.0

实验 6　化学卷发液原料巯基乙酸铵的制备实验改进

一、实验目的

（1）掌握巯基乙酸铵的制备原理和方法。

（2）学习巯基乙酸铵的定性鉴别方法。

二、实验原理

巯基乙酸铵（ammonium thioglycolate），分子式为 $HSCH_2COONH_4$。用硫脲-钡盐法生产的巯基乙酸铵的浓度为 13% 左右，为玫瑰红色透明溶液，其主要用于制备化学卷发液。市售化学卷发液商品的巯基乙酸铵含量一般为 7.5%～9.5%。相关化学反应如下。

$$2ClCH_2CH_2COOH + Na_2CO_3 \longrightarrow 2ClCH_2CH_2COONa + H_2O + CO_2\uparrow$$

$$2ClCH_2CH_2COONa + H_2NCSNH_2 \longrightarrow 2\ \underset{H_2N}{\overset{HN}{=}}SCCH_2COOH\downarrow + 2NaCl$$

$$2\ \underset{H_2N}{\overset{HN}{=}}SCCH_2COOH + Ba(OH)_2 \longrightarrow Ba\underset{SCH_2COO}{\overset{SCH_2COO}{<}}Ba\downarrow + 2H_2NCONH_2$$

$$Ba\underset{SCH_2COO}{\overset{SCH_2COO}{<}}Ba\downarrow + 2NH_4HCO_3 \longrightarrow 2HSCH_2COONH_4 + 2BaCO_3\downarrow$$

三、主要仪器和试剂

烧杯（100 mL、200 mL、250 mL）、电动搅拌器、电热套、抽滤瓶（500 mL）、布氏漏斗、移液管（2 mL、5 mL）、温度计（0～10 ℃）、量筒（100 mL）、托盘天平、玻璃水泵或真空泵、锥形瓶（250 mL）。

氯乙酸、硫脲、氢氧化钡、碳酸钠、碳酸氢铵、氨水（质量分数为 10%）、醋酸（质量分数为 10%）。

四、实验内容

（1）称取氯乙酸 20 g 于 100 mL 烧杯中，加入 40 mL 蒸馏水，搅拌使氯乙酸全部溶解，缓慢加入碳酸钠进行中和，待产生的泡沫减少时，注意测试溶液的 pH，使其控制在 7～8，静置、澄清。

（2）称取硫脲 30 g 于 200 mL 烧杯中，加入 100 mL 蒸馏水，加热到 50 ℃左右，搅拌，待硫脲全部溶解，将澄清的氯乙酸钠溶液加入，在 60 ℃左右保温 30 min。抽滤，将滤液弃去，沉淀用少量蒸馏水洗涤后抽滤。

（3）称取氢氧化钡 70 g 于 250 mL 烧杯中，加入 170 mL 蒸馏水，加热并间歇搅拌使之全部溶解，将上述粉状沉淀物慢慢加入，使料液在 80 ℃下保温 3 h，间歇搅拌，防止沉淀下沉，趁热过滤，含有尿素的碱性滤液经酸性氧化剂处理后排放。用蒸馏水洗涤沉淀物 3～5 次，抽滤吸干，得白色二硫代二乙酸钡白色粉状物。

（4）称取碳酸氢铵 40 g 于 200 mL 烧杯中，加入 100 mL 蒸馏水，开动电动搅拌器，同时将白色二硫代二乙酸钡白色粉状物分散投入，再搅拌 10 min，静置 1 h 后过滤，得到玫瑰红色滤液，即为巯基乙酸铵溶液。此时，巯基乙酸铵含量一般为 13 ％～14％，可得 100～200 mL产品。

（5）称取碳酸氢铵 30 g 于 200 mL 烧杯中，加入 40 mL 蒸馏水，将第（4）步中的滤渣加入，搅拌均匀，静置 1 h，过滤可得 40 mL 左右的巯基乙酸铵溶液，浓度为 4％～5％。

五、分析方法及结果处理

定性分析方法如下。将 2 mL 样品加水稀释至 10 mL，加入 5 mL 质量分数为 10％的醋酸，摇匀，加 2 mL 氨水，摇匀。此时如果有巯基乙酸铵，则生成白色胶状物。加入质量分数为 10％的氨水，摇至白色胶状物溶解。

六、思考题

（1）所用的原料是否有腐蚀性和毒性？
（2）写出制备过程中主要工序的化学反应。

实验 7　通用液体洗衣剂的配制

一、实验目的

（1）掌握配制通用液体洗衣剂的工艺。

（2）了解各组分的作用及配制原理。

二、实验原理

1. 主要性质和分类

通用液体洗衣剂（liquid detergent）为无色的或淡蓝色的均匀黏稠液体，其是液体洗涤剂的一种，易溶于水。

液体洗涤剂是仅次于粉状洗涤剂的第二大类洗涤制品。因为液体洗涤剂具有诸多显著的优点，所以洗涤剂由固态向液态发展是种必然趋势。最早出现的液体洗衣剂是不加助剂的或加很少助剂的中性液体洗衣剂，基本属于轻垢洗衣剂，这类液体洗衣剂的配方、技术比较简单。而后出现的重垢液体洗衣剂更多的是加了助剂的洗衣剂。重垢液体洗衣剂中的表面活性物含量比较高，加入的助剂种类也比较多，配方、技术比较复杂。

液体洗衣剂除了上述两种外，还有织物干洗剂，它是无水洗衣剂，专门用于洗涤毛呢、丝绸、化纤类高档衣物。另外还有预去斑剂，用于衣物局部（如领口、袖口）的重垢洗涤。还有织物漂白剂、柔软整理剂、消毒洗衣剂等。

上文对液体洗衣剂按用途进行了分类介绍。其中，用量最大的是重垢液体洗衣剂，其次是轻垢液体洗衣剂。本实验主要研究这两种类型的洗衣剂，我们将它们称为通用液体洗衣剂。

2. 配方设计原理

设计这种洗衣剂时首先考虑的是洗涤性能，洗衣剂既应有较强的去垢力，还应不得损伤衣物。其次要考虑的是经济性，既要工艺简单、配方合理，还要价格低廉。再次要考虑的是产品的适用性，产品应适合我国的国情和人民的洗涤习惯。最后还应考虑配方的先进性。总之，要进行合理的配方设计，使制得的产品性能优良而成本低廉，且有广阔的市场。

液体洗衣剂主要由以下两部分组成。

1）表面活性剂

液体洗衣剂中使用最多的是烷基苯磺酸钠，但国外已基本上实现了液体洗衣剂原料向醇系表面活性剂的转向。以脂肪醇为起始原料的各种表面活性剂广泛用于衣用液体洗衣剂，包括脂肪醇聚氧乙烯醚、脂肪醇硫酸酯盐等。在阴离子表面活性剂中，α-烯基磺酸盐被认为是最有前途的活性物。高级脂肪酸盐已是公认的液体洗衣剂原料。在非离子表面活性剂中，烷基醇酰胺也是重要的一种。

2）洗涤助剂

液体洗衣剂中常用的助剂主要有以下几种。①螯合剂。最常用的、性能最好的是三聚磷酸钠，但它的加入会使洗衣剂变浑浊，并会污染水体，近年来逐渐被淘汰。乙二胺四乙酸二钠对金属离子的螯合能力最强，而且可使溶液的透明度提高，但价格较高。②增稠剂。常用的有机增稠剂为天然树脂、合成树脂、聚乙二醇酯类等。常用的无机增稠剂为氯化钠或氯化铵。③助溶剂。常用的增溶剂或助溶剂除烷基苯磺酸钠外还有低分子醇或尿素。④溶剂。常用的溶剂为软化水或去离子水。⑤柔软剂。常用的柔软剂主要是阳离子型的和两性离子型的(在一般洗衣剂中不用)。⑥消毒剂。目前大量使用的仍是含氯消毒剂,如次氯酸钠、次氯酸钙、氯化磷酸三钠、氯铵 T、二氯异氰尿酸钠等(一般洗衣剂中不用)。⑦漂白剂。常用的漂白剂有过氧酸盐类,如过硼酸钠、过碳酸钠、过碳酸钾、过焦磷酸钠等(一般洗衣剂中不用)。⑧酶制剂。常用的有淀粉酶、蛋白酶、脂肪酶等。酶制剂的加入可提高产品的去污力。⑨抗污垢再沉降剂。常用的有羧甲基纤维素钠硅酸钠等。⑩四碱剂。常用的有纯碱、小苏打、乙醇胺、氨水、硅酸钠、磷酸三钠等。⑪香精。⑫色素。

我们可以根据上述各种表面活性剂和洗涤助剂的性能和配制产品的要求,选取不同的数量进行复配。

本实验设计了几个通用液体洗衣剂的配方,同学们可根据实验原材料和仪器情况,选配其中一个或两个。

三、主要仪器和试剂

电炉、水浴锅、电动搅拌器、烧杯(100 mL、250 mL)、量筒(10 mL、100 mL)、滴管、托盘天平、温度计(0～100 ℃)。

十二烷基苯磺酸钠(ABS-Na,质量分数为 30%)、椰子油酸二乙醇酰胺(尼诺尔,FFA,质量分数为 70%)、壬基酚聚氧乙烯醚(OP-10,质量分数为 70%)、纯碱、水玻璃(Na_2SiO_3,质量分数为 40%)、三聚磷酸钠(STPP)、香精、色素、pH 试纸、脂肪醇聚氧乙烯醚硫酸钠(AES,质量分数为 70%)、硫酸(质量分数为 10%)。

四、实验内容

1. 液体洗衣剂配方

液体洗衣剂配方如表 7.1 所示。

表 7.1　液体洗衣剂配方

名　称	质量分数/(%)			
	配方一	配方二	配方三	配方四
ABS-Na(质量分数为 30%)	20.0	30.0	30.0	10.0
OP-10(质量分数为 70%)	8.0	5.0	3.0	3.0
尼诺尔(质量分数为 70%)	5.0	5.0	4.0	4.0
AES(质量分数为 70%)	—	—	3.0	3.0
二甲苯磺酸钾	—	—	2.0	—
BS-12	—	—	—	2.0
荧光增白剂	—	—	0.1	0.1
Na_2CO_3	1.0	—	1.0	

续表

名　称	质量分数/（%）			
	配方一	配方二	配方三	配方四
Na_2SiO_3（质量分数为 40%）	2.0	2.0	1.5	—
STPP	—	2.0	—	—
NaCl	1.5	1.5	1.0	2.0
色素	适量	适量	适量	适量
香精	适量	适量	适量	适量
CMC（质量分数为 5%）	—	—	—	5.0
去离子水	加至 100.0	加至 100.0	加至 100.0	加至 100.0

2. 配制

（1）按配方将蒸馏水加入 250 mL 烧杯中，再将烧杯放入水浴锅中，加热使水温升到 60 ℃，不断搅拌，至原料全部溶解为止。搅拌时间约为 20 min，在常压水浴下过滤，水温控制在 60～65 ℃。

（2）在连续搅拌下依次加入 ABS-Na、OP-10、尼诺尔等表面活性剂，搅拌至原料全部溶解为止，搅拌时间约为 20 min，保持温度在 60～65 ℃。

（3）在不断搅拌下将纯碱、二甲苯磺酸钾、荧光增白剂、STPP、CMC 等依次加入，并使其溶解，保持温度在 60～65 ℃。

（4）停止加热，待温度降至 40 ℃以下时，加入色素、香精等，搅拌均匀。

（5）测溶液的 pH 值，并用硫酸调节反应液的 pH≤10.5。

（6）降至室温，加入食盐调节黏度，使其达到规定黏度。本实验不控制黏度指标。

五、注意事项

（1）按次序加料，必须使前一种物料溶解后再加后一种。

（2）温度按规定控制好，加入香精时的温度必须小于 40 ℃，以防挥发。

（3）制得的产品由同学带回试用。

（4）使用工业一级硬脂酸，可使产品的色泽及存储稳定性提高。

六、思考题

（1）通用液体洗衣剂有哪些优良的性能？

（2）通用液体洗衣剂配方设计的原则有哪些？

（3）通用液体洗衣剂的 pH 值是怎样控制的？为什么？

实验 8　水解法制备二氧化钛超细粉

一、实验目的

(1) 学习溶胶-凝胶法制备超细粉的原理。
(2) 掌握二氧化钛超细粉的制备方法。
(3) 了解二氧化钛超细粉的主要性质和用途。

二、实验原理

1. 二氧化钛及二氧化钛超细粉的主要性质和用途

二氧化钛(titanium dioxide)，俗称钛白粉，分子式为 TiO_2，相对分子质量为 79.9。二氧化钛为白色或微黄色粉末，无臭、无味，其化学性质稳定，在一般条件下与大部分化学试剂不发生反应，难溶于水及其他溶剂。二氧化钛存在三种不同的晶型：金红石、锐钛矿和板钛矿。其晶型随温度呈如图 8.1 所示的变化。

图 8.1　晶型随温度的变化

二氧化钛三种晶型的主要性质见表 8.1。

表 8.1　二氧化钛三种晶型的主要性质

晶型	板钛矿	锐钛矿	金红石
晶系	斜方	四方	四方
晶格常数/(10^{-10} m)	$a=5.44$ $b=9.17$ $c=5.14$	$a=3.73$ $c=9.37$	$a=4.59$ $c=2.96$
密度/(g/cm³)	4.00～4.23	3.87	4.25
莫氏硬度	5～6	5～6	6
折射率	2.580～2.741	2.493～2.554	2.616～2.903
转化温度/℃	650	915	—
介电常数/(室温，1 MHz)	78	31	89
介电常数温度系数/(10^{-6}℃)	—	—	−800
线膨胀系数/(10^{-6}℃)	14.50～22.00	4.68～8.14	8.14～9.19
介电损耗/10^{-4}	—	—	3～5

二氧化钛在光学性质上具有很高的折射率，在电学性质上则具有高的介电常数，因此，在无机材料工业中，它是制备高折射率光学玻璃以及电容器陶瓷、热敏陶瓷和压电陶瓷的重要原料，也是无线电陶瓷中有用的晶相。在电子行业中，以金红石型二氧化钛为主要成分烧制的金

红石瓷是瓷质电容器的主要材料。二氧化钛在颜料工业和油漆工业等领域也大量使用。

二氧化钛超细粉(extrafine titanium dioxide powder)与普通二氧化钛粉相比,具有以下特性:①比表面积大;②表面能高;③熔点低;④磁性强;⑤光吸收性好,且吸收紫外线的能力强;⑥表面活性大;⑦导热性好,在低温或超低温下几乎没有热阻;⑧分散性好,用其制成的悬浮体稳定、不沉降;⑨没有硬度。利用这些特性,二氧化钛开拓了许多新颖的应用领域,成为许多行业的重要支柱。

二氧化钛超细粉可用作光催化剂、催化剂载体和吸附剂。例如,用二氧化钛超细粉催化处理含氮氧废气时,其活性比普通二氧化钛粉末要高得多。二氧化钛超细粉有较高的折光指数,可见光透光性好,同时可以屏蔽长波紫外线和中波紫外线,使它成为配制防晒化妆品的理想材料。在汽车工业中,二氧化钛超细粉的金属散光面漆已被广泛应用。另外,二氧化钛超细粉还被广泛应用于特种陶瓷、食品包装材料、红外线反射材料、气体传感器、湿度传感器、陶瓷添加剂、高反射作用涂层、新型油漆、涂料、塑料、油墨等方面。

2. 制备原理和工艺流程方框图

溶胶-凝胶法(sol-gel)制备二氧化钛超细粉的主要反应式为

$$TiCl_4 + 4NaOH \longrightarrow TiO(OH)_2 + 4NaCl + H_2O$$

$$TiO(OH)_2 \xrightarrow{脱水} TiO_2 + H_2O$$

工艺流程图如图 8.2 所示。

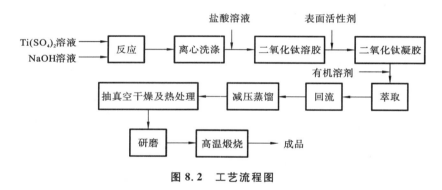

图 8.2　工艺流程图

三、主要仪器和试剂

电动增力搅拌机、电动离心机、真空干燥箱、玛瑙研钵、箱式电炉、石墨坩埚、烧杯(100 mL、250 mL、500 mL)、球形冷凝管、减压蒸馏装置、分液漏斗(60 mL)、蒸发皿(100 mL)、坩埚(30 mL)、温度计(0~100 ℃)。

四氯化钛(分析纯,质量分数大于等于 99.0%,比重为 1.726)、浓盐酸(分析纯,质量分数大于等于 36.0%)、十二烷基苯磺酸钠(化学纯)、无水乙醇(化学纯)、浓氨水、硫酸铵。

四、实验内容

TiCl₄ 水解法制备 TiO₂ 超细粉的步骤如下。

(1) 配置浓盐酸的硫酸铵溶液。将 14.5 g 硫酸铵溶入 30 mL 水中,然后加入 0.5 g 浓盐酸,配制后总体积为 30 mL,待用。

（2）在冰水浴和强力搅拌下,将 6.2 mL $TiCl_4$ 滴入蒸馏水中(含 0.5 mL 浓盐酸,保持低温),并加入 0.1 g 十二烷基苯磺酸钠。

（3）将配制好的浓盐酸的硫酸铵溶液在搅拌条件下滴加到所得的 $TiCl_4$ 溶液中,混合过程控制温度小于 15 ℃。

（4）将混合物升温至 95 ℃,并保持 1 h,加入浓氨水,调节 pH 值至 8 左右。降温,并在室温下陈化 12 h。

（5）过滤,用蒸馏水洗去 Cl^-(用 0.1 mol/L 的 $AgNO_3$ 溶液检验)后,用无水乙醇洗涤 3 遍沉淀,过滤,室温条件下将沉淀真空干燥,得透明的二氧化钛超细粉颗粒。

（6）将制得的颗粒用研钵研磨,于 400 ℃煅烧 2 h(升温速率为 3 ℃/min),即制得二氧化钛超细粉。

五、产品的技术指标

特种陶瓷用二氧化钛超细粉的技术指标应符合表 8.2 中的要求。

表 8.2　特种陶瓷用二氧化钛超细粉的技术指标

项　　目	质量分数/(%)
二氧化钛	≥98.5
三氧化铝	≤0.2
三氧化二铁	≤0.1
氧化钾＋氧化钠	≤0.2
氧化钙	≤0.2
氧化镁	≤0.1
二氧化硅	≤0.3
三氧化硫	≤0.2
主晶相金红石	≥99

六、产品的分析方法

1. TiO_2 含量的测定

称取 0.2 g 试样于热解石墨坩埚中,加 4 g 氢氧化钾,在电炉上熔融至均匀状态,再于喷灯上灼烧至暗红。旋转坩埚使熔融物附于坩埚壁上,冷却。将坩埚连同熔融物放入盛有约 100 mL 水的烧杯中,旋转坩埚使残渣脱落,加入 25 mL 硫酸(1∶1),搅拌至清亮。取出坩埚,用水洗净、煮沸、冷却,转移至 250 mL 容量瓶中,稀释至刻度。吸取 25 mL 试液于 300 mL 烧杯中,加入 10 mL 质量分数为 30%的过氧化氢,加入过量的 2.02 mol/L 的 EDTA 标准溶液(约 5 mL),用水稀释至 200 mL 左右,加入氢氧化铵(1∶1)调 pH 至 1.7~2.0,加入 5 滴二甲酚橙指示剂,用 0.02 mol/L 的硝酸铋标准溶液回滴至溶液呈橙红色。

TiO_2 的质量分数按下式计算:

$$w(\mathrm{TiO_2}) = \frac{(V_1 - V_2\alpha) \times T(\mathrm{TiO_2}) \times 10}{G \times 1000} \times 100\%$$

式中，V_1——加入 EDTA 标准溶液的体积（单位为 mL）；

　　　　V_2——回滴时消耗硝酸铋标准溶液的体积（单位为 mL）；

　　　　α——硝酸铋标准溶液对 EDTA 标准溶液的体积比；

　　　　$T(\mathrm{TiO_2})$——EDTA 标准溶液对二氧化钛的滴定度；

　　　　G——试样质量（单位为 g）。

2. Al_2O_3、Fe_2O_3、K_2O、Na_2O、CaO、MgO、SiO_2、SO_3 **含量的测定**

用原子吸收分光光度计测定 Al_2O_3、Fe_2O_3、K_2O、Na_2O、CaO、MgO、SiO_2、SO_3 的含量。

3. 水分含量的测定

于已恒重的扁形称量瓶（直径 50 mm、高 30 mm）中称取 3～4 g 试样（称精度为 0.0002 g），在（105±2）℃的烘箱中烘至试样恒重。以下式计算水分含量：

$$w(\mathrm{H_2O}) = \frac{m_1}{m} \times 100\%$$

式中，m_1——干燥失重（单位为 g）；

　　　　m——试样质量（单位为 g）。

4. 粒子的观测及粒径的测定

利用 E200F 显微镜观察，使用颗粒度测定仪测定粒径及其分布。

七、思考题

（1）二氧化钛超细粉有哪些特殊性质和用途？

（2）简述用溶胶-凝胶法制备二氧化钛超细粉的原理。

（3）制备过程中加入盐酸溶液和无水乙醇各有什么作用？

实验 9　香豆素(香料)的合成

一、实验目的

(1) 学习合成香料的基本知识和珀金反应的原理及相关实验方法。

(2) 掌握利用珀金反应制备香豆素的实验方法,掌握水蒸气蒸馏、重结晶等操作技术。

二、实验原理

香豆素(coumarin)最初是从黑香豆中发现的,故而得名。它具有干草香气及巧克力气息,而且留香持久。香豆素可用于制造香料,其既可用于各种香精的配制,如紫罗兰、薰衣草、兰花等香精;也可用于糕点、糖果的调味。香豆素可以看作是顺式邻羟基肉桂酸的内酯,它是以水杨醛和醋酸酐为原料,在弱碱(如醋酸钠、叔胺等)催化下经珀金反应、酸化及环化脱水而制得的:

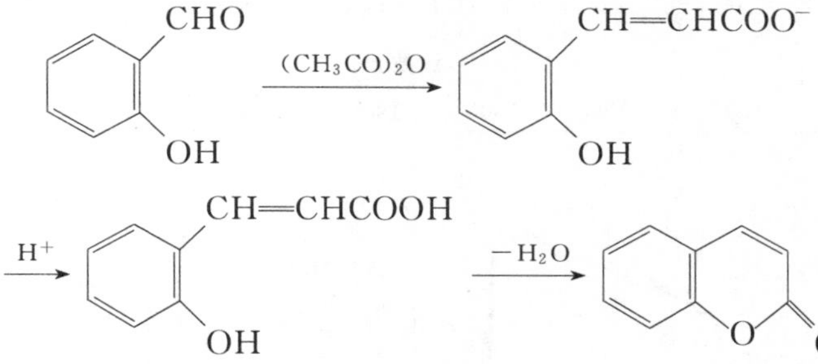

反应式为:

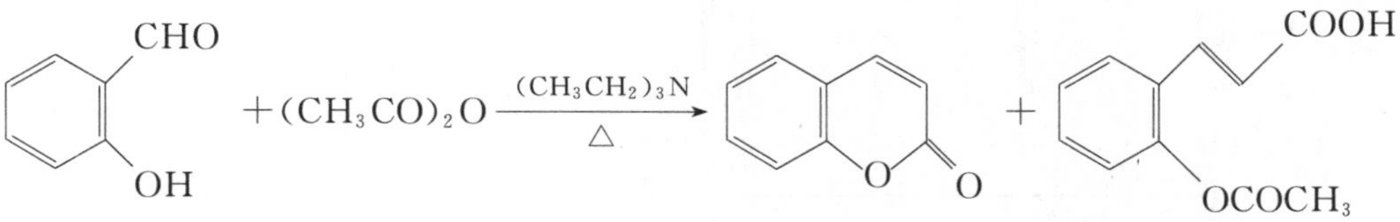

三、主要仪器和试剂

圆底烧瓶(50 mL)、回流冷凝管、干燥管、三口烧瓶(250 mL)、水蒸气蒸馏装置。

水杨醛 2.1 g(1.9 mL,0.017 mol)、醋酸酐 5.4 g(5 mL,0.052 mol)、三乙胺 1.5 g(2 mL,0.15 mol)、碳酸氢钠、广泛 pH 试纸、盐酸(20%)、乙醇。

四、实验内容

在 50 mL 圆底烧瓶中,依次加入 1.9 mL 水杨醛、2 mL 三乙胺及 5 mL 醋酸酐,投入 2 粒沸石,配置回流冷凝管,冷凝管上连接氯化钙干燥管,将混合物加热回流 4 h。

注意:量取醋酸酐时要小心,若溅及皮肤,应用大量水冲洗。

回流结束后,将反应混合物趁热转入盛有 20 mL 水的 250 mL 三口烧瓶中,用少量热水冲洗反应瓶,以使反应物全部转入三口烧瓶。然后进行水蒸气蒸馏,蒸除未反应完全的水杨醛。蒸馏至馏出液清亮时,再蒸馏一段时间,或取出馏液试样用几滴稀 $FeCl_3$ 溶液检验,直至无显色反应,蒸馏即到终点。

水蒸气蒸馏结束后,待蒸馏烧瓶中的剩余物稍稍冷却,在充分搅拌下,慢慢加入碳酸氢钠粉末,直到溶液呈弱碱性(pH=8)。将烧瓶置入冰浴中使结晶析出。

如果无结晶析出,可投入一粒香豆素晶种或用玻璃棒在烧瓶壁上摩擦以诱使结晶析出。经过滤,用少许冷水洗涤,即得香豆素粗产品。

滤液中含有副产物邻-乙酰氧基肉桂酸,可用 20% 的盐酸酸化,经过滤收集沉淀物,沉淀物可用水-乙醇混合溶剂重结晶,即得邻-乙酰氧基肉桂酸,熔点为 153~154 ℃。

香豆素粗品可用水重结晶。1 g 粗品加 200 mL 水,煮沸 15 min。稍冷,加入半匙活性炭,再沸煮 3 min,趁热过滤。将滤液转至烧杯中,投入 1~2 粒沸石,加热煮沸直到溶液体积为约 80 mL 为止。待溶液稍冷却后,将烧杯置入冰浴中,使香豆素晶体充分析出,然后过滤,收集固体产品,干燥、称量、测熔点,并计算产率。香豆素粗品也可用 1∶1 的乙醇水溶液进行重结晶。

香豆素为白色晶体,有香味,mp 68~69 ℃。

记录香豆素的红外光谱,并与图 9.1 作比较,其核磁共振谱如图 9.2 所示。

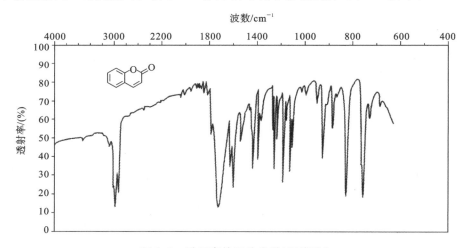

图 9.1　香豆素的红外光谱(研糊法)

五、附注

(1) 如果实验一次未完成,可中途停止加热。但是当重新加热时,应再投进几粒新沸石。

(2) 酚类化合物可以与 $FeCl_3$ 溶液形成显色配合物。

六、思考题

(1) 实验中,三乙胺起什么作用? 其可否用其他化合物替代? 试举例说明。

(2) 本实验有何副反应? 如何分离副产物?

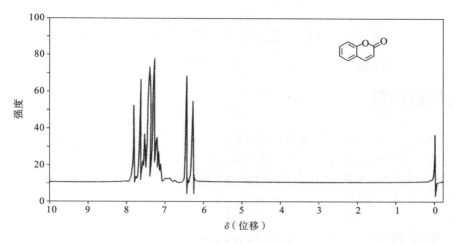

图 9.2　香豆素的核磁共振谱

（3）在水蒸气蒸馏过程中，依据什么原理来确定蒸馏终点？

（4）试解析香豆素的核磁共振谱。指出 $\delta=7.1\sim7.6$（多重峰），$\delta=6.24$（双重峰），$\delta=7.72$（双重峰）时，各峰所代表的氢。

（5）试解析香豆素的红外光谱，指出其中主要的特征吸收峰。

实验 10 乙酸苄酯香料的合成

一、实验目的

(1) 了解乙酸苄酯的反应原理及合成方法。

(2) 掌握乙酸苄酯的分离技术和分离方法。

(3) 掌握乙酸苄酯的分离提纯技术,熟悉精密分馏柱、气相色谱仪及阿贝折光仪等仪器设备的使用方法。

二、实验原理

1. 主要性质

乙酸苄酯(benzyl acetate),别名醋酸苯甲酯或苯甲酸乙酯。乙酸苄酯是一种无色液体,具有水果香和茉莉花香气,气味清甜。相对密度为 1.0563(18 ℃),沸点为 216 ℃,折射率为 1.5032(20 ℃),可作皂用和其他工业用香精。对花香和幻想型香精的香韵具有提升作用,故常在茉莉、白兰、玉簪、月下香、水仙等香精中大量使用,也可少量用于生梨、苹果、香蕉、桑葚子等食用香精中。

2. 合成原理

酯化反应指醇和羧酸相互作用生成酯类化合物,其是用于制取酯类化合物的重要方法之一,此法又称直接酯化法。一般需要在少量催化剂存在的条件下,将醇和羧酸加热回流,常用的酸性催化剂有硫酸、盐酸等。但是,该反应为可逆反应,反应进行得很慢,为提高酯的产率,必须使反应向右进行,一般采用恒沸法,或加合适的脱水剂把反应中所生成的水去掉,也可在反应时加过量的醇或酸,以改变反应达到平衡时反应物和产物的组成。

本实验用苯甲醇与乙酸制取乙酸苄酯,反应较易进行,反应式如下:

$$\underset{\text{苯甲醇}}{C_6H_5CH_2OH} + CH_3COOH \xrightarrow{H_2SO_4} \underset{\text{乙酸苄酯}}{C_6H_5CH_2OOCH_3} + H_2O$$

三、主要仪器和试剂

三口烧瓶(250 mL)、搅拌器、温度计、球形冷凝管、精密分馏柱、阿贝折光仪、气相色谱仪。苯甲醇、冰醋酸、浓硫酸、碳酸钠、氯化钠。

四、实验内容

在装有搅拌器、温度计和球形冷凝管的 250 mL 三口烧瓶中加入 30 g 苯甲醇、30 g 冰醋酸,加热至 30 ℃,滴加 10 g 92％的浓硫酸,加热至 50 ℃,反应 6～8 h。反应完毕后,加入 45 g

15％的碳酸钠溶液洗涤,继续加 45 g 15％的氯化钠溶液洗涤,得到粗乙酸苄酯。

在真空蒸馏装置中加入粗乙酸苄酯,进行真空蒸馏,先蒸出前馏分。在 98～100 ℃下收集乙酸苄酯馏分,产率约为 85％。

产品质量符合下列指标。外观:无色液体,有茉莉花香;沸点:214.9 ℃/760 mmHg, 100 ℃/14 mmHg;比重:1.01～1.05 g/mL;折光率:1.5015～1.0350。

五、注意事项

（1）硫酸是强酸,有强腐蚀性,不能接触皮肤和眼睛。

（2）真空蒸馏装置必须不漏气,接头要紧密,磨口处要涂凡士林,要用真空泵抽得较高的真空度,以保证真空蒸馏顺利进行。

（3）用碳酸钠溶液洗涤粗产品时要在搅拌下慢慢加入,以免大量 CO_2 气体造成泡沫溢出。

六、思考题

（1）制备羧酸酯有哪几种方法?

（2）酯化反应中常用的催化剂有哪几种?

（3）在存在酸性催化剂时进行酯化反应,会发生什么副反应?

实验 11　唇膏的制备

一、实验目的

（1）了解唇膏的配制原理和各组分的作用。
（2）掌握唇膏的配制方法。

二、实验原理

1. 主要性质

唇膏是点涂于嘴唇，使其具有红润健康的色彩以达到美容效果的产品。好的唇膏应涂敷容易，不油腻，色彩保留时间久，不出油，不碎裂，色泽均匀，不会褪色、发霉，对人体皮肤无害。唇膏产品可细分为唇彩、唇釉、护唇润唇膏、防水唇膏等。

2. 配制原理

唇膏主要由色素、脂蜡基、滋润性物质，以及控制唇膏硬度、触变性等的其他物质组成。色素是唇膏的主要成分，其一般由约 2% 的溴酸红染料和 10% 的色淀颜料构成。溴酸红染料是溴化荧光红类染料的总称，有二溴荧光红、四溴荧光红和四溴四氢荧光红等多个品种。溴酸红用溶剂在配方中很重要。甘油和二醇类的各种脂肪酸衍生物是很好的溶剂，脂蜡醇和油醇也有溶解溴酸红和促使染料渗透的性能。溴酸红不溶于水，由其制成的唇膏外表呈橙色，当涂敷于嘴唇上时，由于 pH 值的改变而变为鲜红色，由于这种色彩是由溴酸红和唇组织中的部分物质生成的，因此色泽牢固持久。脂蜡基常采用蓖麻油及单元醇和多元醇的高级酯类。脂蜡基除了对染料具有溶解性外，还具有一定的触变特性，能轻易地点涂于嘴唇上成为均匀的薄膜，具有在炎热环境下不软、不分油，在严寒环境下不干、不硬，点涂后可使嘴唇润滑而有光泽，不会向外化开的特点。脂蜡基一般占成分的 40% 以内。为了克服使用唇膏后嘴唇干燥的现象，常在唇膏内加羊毛脂、卵磷脂、鲸蜡醇和其他滋润物质。

香料必须要能完全掩盖脂蜡的气味。唇膏宜选用清雅型香料，如橙花、茉莉、玫瑰、香豆素、香兰素等。简单的唇膏生产方法是将溴酸红在溶剂内加热熔化，加入高熔点的蜡、软脂，趁热搅拌均匀，当温度下降至约高于脂蜡基的熔点 20 ℃时，趁热研磨以得均匀的混合物。混合时应避免强烈的搅拌。当混合物已完全熔化和均匀混合后，即可加入香料，然后以细筛过滤。在浇模前通常将膏料内空气排除。一般是将膏料加热并缓缓地搅拌，使空气泡浮在表面，如果这样的处理不见效，则可采用真空脱气。唇膏配制的质量控制主要集中在两个过程中，即颜料的研磨和原料的混合。质量好的唇膏膏体应平滑无气孔，并达到一定的耐热和耐寒标准，不会出现弯曲和软化，细腻光滑，接触嘴唇后易溶解，附着力较强，可保持较长时间，色彩鲜亮，人无不适感觉。通常采用高温法和低温法鉴别其质量。①高温法：在 45 ℃的高温下放置 24 h，如果出现软化现象，则为劣质品。②低温法：在 −5~0 ℃的环境下放置 24 h 后，恢复室温，如出现异常现象，则为劣质品。

三、主要仪器和试剂

烧杯(250 mL)、玻璃棒、温度计、电子天平、电炉、水浴锅、油膏磨、唇膏模具。

加洛巴蜡、鲸蜡醇、蜂蜡、棕榈酸异丙酯、单硬脂酸甘油酯、癸二酸二乙酯、蓖麻油、溴酸红、地蜡、色淀、精制地蜡、香精和抗氧剂、无水羊毛脂。

四、实验内容

1. 配方1

配方1见表11.1。

表11.1 配方1

名　　称	质量分数/(%)
加洛巴蜡	4.5
鲸蜡醇	2.0
蜂蜡	21.0
棕榈酸异丙酯	2.5
单硬脂酸甘油酯	10.0
癸二酸二乙酯	—
蓖麻油	44.0
溴酸红	2.0
地蜡	—
色淀	10.0
精制地蜡	—
香精和抗氧剂	1.0
无水羊毛脂	3.0

2. 配方2

配方2见表11.2。

表11.2 配方2

名　　称	质量分数/(%)
加洛巴蜡	5.0
鲸蜡醇	—
蜂蜡	18.0
棕榈酸异丙酯	10.0
单硬脂酸甘油酯	—
癸二酸二乙酯	10.0

名　　称	质量分数/(%)
蓖麻油	19.0
溴酸红	2.0
地蜡	10.0
色淀	10.0
精制地蜡	5.0
香精和抗氧剂	1.0
无水羊毛脂	10.0

3. 配制方法

先将色淀分布于油或全部的脂蜡基中,使其成为组织细致均匀的物质。将溴酸红溶解于蓖麻油或配方中的其他溶剂中,将蜡类原料放在一起熔化,温度控制为比蜡的最高熔点(54~56 ℃)略高一些。将软脂及液体油熔化后,加入颜料,经油膏磨研磨成均匀的混合物。然后将三者混合,再次研磨,当温度下降至高于混合物的熔点5~10 ℃时,进行浇模,快速冷却。

五、注意事项

(1)趁热研磨和混合已加热的混合物时要佩戴手套,以免烫伤。

(2)将混合物搅拌均匀时要避免剧烈的搅拌,正确的方法是用玻璃棒沿着一个方向缓慢搅拌,频率不可太高。

六、思考题

(1)溴酸红的特性和用途有哪些?

(2)除了溴酸红和色淀可用作唇膏的色素添加剂外,还有哪些色素可以添加进唇膏中?

(3)鉴别唇膏质量的方法除了本实验中列出的高温法和低温法外,还有哪些值得尝试的方法?

实验 12　面膜的制备

一、实验目的

（1）了解面膜的配制原理和各组分的作用。
（2）掌握面膜的配制方法。

二、实验原理

1. 主要性质

面膜的作用是将皮肤与外界空气隔绝，使皮肤温度上升，这时敷在皮肤上的面膜中的活性成分，如维生素、水解蛋白及其他营养物质就可以有效地渗透皮肤、滋润皮肤，起到增进皮肤机能的作用。面膜干燥时的收缩作用使人皮肤绷紧、毛孔缩小，经过一段时间除去面膜后，皮肤上的污垢和皮屑等随之除去，呈现出洁白、柔软的皮肤。敷面膜后，皮肤整洁、滋润。

2. 配制原理

面膜的成膜剂通常为水溶性高分子化合物，如聚乙烯醇、羧甲基纤维素等，填充材料可为高岭土、硅藻土等，溶剂可为水、甘油等。面膜的成膜原理是让溶剂挥发，留下高分子化合物与填充材料黏结成膜。面膜类产品通常应具有以下特点：①敷用后应和皮肤紧密贴合，有足够的吸收性，能达到清洁皮肤的效果；②面膜的干燥时间不宜过长，敷用和移除要便利，且对皮肤无刺激。面膜制品有乳状、液体状、胶状和粉状的。面膜的组成比较简单，其通常由成膜物、填充物、增进皮肤机能的营养物及避免干燥的油剂等构成。

目前几种有代表性的面膜有：剥离型润肤面膜、粉末型清洁护肤面膜和天然营养型面膜。剥离型润肤面膜也称为薄膜型润肤面膜，产品为易流动的胶体状态。从配方结构分析，薄膜的主要原料多采用聚乙烯醇、聚乙烯吡咯烷酮、羧甲基纤维素、聚乙烯乙酸酯、海藻酸钠及其他胶质物质。其中，聚乙烯醇的效果最佳，能迅速形成薄膜，但其涂到皮肤上后黏着力过强，因此在实际使用时一般还需加入一定量的羧甲基纤维素和海藻酸钠，并控制聚乙烯醇的用量在10%～15%。另外，在聚乙烯醇型面膜中还需加入保湿剂，以保护和延长产品在存储时的干缩程度，且能滋养皮肤。保湿剂多用丙二醇、甘油、聚乙二醇、硅乳等。

粉末型清洁护肤面膜不能直接使用，擦用前，可根据使用者皮肤的状态与爱好选择液体物质（如：水、化妆水、乳液、收敛剂等）混合后方可使用。其优点是使用者可根据自己皮肤的情况灵活地改变需用液体物质的数量，并掌握适当的黏度。常用的粉末有：高岭土、米糠粉、米淀粉、滑石粉、氧化锌、无机硅酸盐等。在以上配方的基础上，添加各种美容素、营养素等添加物，可达到增强面膜的使用效果。常用的添加物有：蜂蜜、蛋、柠檬汁、黄瓜汁、杏仁油、双氧水、牛奶等。

三、主要仪器和试剂

电炉、水浴锅、电动搅拌器、温度计（0～100 ℃）、烧杯（100 mL、250 mL）、量筒（10 mL、100 mL）、托盘天平、玻璃棒、滴管。

单硬脂酸甘油酯、甘油、蓖麻油、硫磺、肉桂酸苄酯、水、鲸蜡、香精、防腐剂、聚乙烯醇(15%的水溶液)、氢氧化铝、聚乙酸乙烯乳液、维生素 E、白油、苯甲酸钠、氧化锌、乙醇。

四、实验内容

1. 乳剂状面膜的配方及配制方法
乳剂状面膜的配方见表 12.1。

表 12.1　乳剂状面膜的配方

名　称	质量分数/(%)
单硬脂酸甘油酯	12
甘油	3
蓖麻油	3
硫磺	3
肉桂酸苄酯	3
水	69
鲸蜡	5
香精和防腐剂	2

配制方法如下。

(1) 将组分蓖麻油和肉桂酸苄酯混合。

(2) 将组分单硬脂酸甘油酯、甘油、硫磺、水、鲸蜡、香精和防腐剂一起加热至沸腾,混合均匀后冷却至 60~65 ℃,搅拌下加入(1)中配好的混合物,温度为 40~45 ℃时加入香精,混合均匀,待冷却至室温即可装瓶使用。

乳剂状面膜的主要原料是硬脂酸多元醇酯,干燥后形成一层可清洗的薄膜。该面膜适用于油性皮肤,敷面膜时不要让面膜接近眼部。

2. 可剥性 VE 营养面膜的配方及配制方法
可剥性 VE 营养面膜的配方见表 12.2。

表 12.2　可剥性 VE 营养面膜的配方

名　称	质量分数/(%)
聚乙烯醇(15%的水溶液)	10
氢氧化铝	5
聚乙酸乙烯乳液	13
维生素 E	1
白油	3
苯甲酸钠	0.1
甘油	5
香精	适量

名　　称	质量分数/（%）
氧化锌	8
乙醇	7
水	加至 100

配制方法如下。

将聚乙烯醇（15%的水溶液）加入到水中，搅拌，加热到 80～90 ℃，至完全溶解（配制成 15%的水溶液）。然后将配方中各液体组分加入，混合均匀，再加入各种粉状物，充分搅拌均匀，装瓶。使用时，直接将本剂均匀抹在面部，经过 10～15 min 形成可剥脱的面膜。

五、注意事项

（1）将各组分混合加热时要佩戴手套，以免烫伤。

（2）加热至沸腾前需要加入沸石，防止暴沸。

（3）搅拌混合物时要避免剧烈的搅拌，正确的方法是用玻璃棒沿着一个方向缓慢搅拌，频率不可太高。

六、思考题

（1）详述面膜的成膜机理。

（2）面膜的配置原则有哪些？

（3）配方 1 中各组分的作用是什么？

第二章　家用化学品

实验 13　花草香型空气清新剂的配制

一、实验目的

(1) 了解花草香型空气清新剂的配制原理和各组分的作用。
(2) 掌握花草香型空气清新剂的配制方法。

二、实验原理

目前,世界上空气清新剂的种类繁多,通常分为固体、液体、烟雾三种剂型。这些产品多以消除异味为主,产品具备可杀菌消毒、芳香清淡、留香持久、有益于人体健康、给人以回归大自然的清新感觉的功能或特点。

花草香型空气清新剂的作用原理是,配方中易挥发的物质可以吸附芳香物质,并随空气扩散,有效作用于整个空间,从而达到掩盖异味的目的。充分利用了天然冷杉精油研制出的花草香型空气清新剂具有抑菌的功效,可以有效做到清新空气、杀菌抑菌。

三、主要仪器和试剂

电子天平、烧杯(50 mL、250 mL、500 mL)、量筒(10 mL、100 mL)。

冷杉精油、冷杉水浸液、杨梅油、薄荷油、甲酸甲酯(化学纯,含量≥98%)、敌敌畏乳剂(80%)、乙醇(95%)。

四、实验内容

1. 配方

根据研制目标和原料选择结果,设计了配方一、二、三,然后在反复实验的基础上,得出配方四、五、六,具体见表 13.1。

表 13.1　空气清新剂配方

名　　称	质量分数/(%)					
	配方一	配方二	配方三	配方四	配方五	配方六
敌敌畏乳剂	0.3	0.3	0.3	0.6	0.1	0.1
甲酸甲酯	0.5	0.5	0.5	1.0	0.2	0.2

续表

名　称	质量分数/（%）					
	配方一	配方二	配方三	配方四	配方五	配方六
冷杉水浸液	10.0	30.0	60.0	42.4	43.7	0
薄荷油	1.5	1.5	0.5	0.5	0.5	0.5
杨梅油	4.0	4.0	4.0	4.0	4.0	4.0
乙醇	81.7	33.2	34.2	50	50	53.7
冷杉精油	0	0	0	1.0	1.0	0
去离子水	0	30.0	0	0	0	40.0
其他	2.0	0.5	0.5	0.5	0.5	1.5

2. 实验流程

先混合除乙醇、去离子水以外的其他原料，再加入一半乙醇进行溶解，待澄清后，加入一部分去离子水，混合均匀后分别加入剩余的乙醇与去离子水进行澄清、调整，最后装罐。

3. 结果

结果表明，配方三、五为优，其香气优良，留香持久，具有良好的遮味、除异味功能，驱虫效果好，对人呼吸道刺激小。抑菌实验的结果显示，本空气清新剂对空气、水 、食品中常见的金黄色葡萄球菌 、枯草杆菌、黄曲霉菌、蜡样芽孢杆菌等有显著的抑制作用（见表 13.2）。

表 13.2　冷杉精油空气清新剂的抑菌效果

菌种		金黄色葡萄球菌	枯草杆菌	黄曲霉菌	蜡样芽孢杆菌
抑菌圈平均直径/mm	试样	10.0	15.8	10.0	11.1
	对照	0	0	0	0

五、结论

以天然冷杉精油为主原料研制的花草香型空气清新剂能够有效消除异味；所添加的植物精油充分挥发可有效抑菌；其与观赏植株融合，会更具有装饰性，气味清新，且具有良好的除异味、驱杀害虫的作用，并对人体安全无毒。

六、注意事项

（1）注意把握好空气清新剂各原料的配比。

（2）注意乙醇的滴加顺序。

七、思考题

（1）为什么先混合除乙醇与去离子水以外的其他原料，再加入乙醇进行溶解？

（2）冷杉精油空气清新剂的抑菌效果如何？

实验 14　环保固体酒精的制备

一、实验目的

（1）了解固体酒精的生产原理和方法。

（2）掌握固体酒精的生产工艺和相关操作技能。

二、实验原理

　　酒精是一种易燃、易挥发的液体，沸点是 78 ℃，凝固点是－114 ℃。它是一种重要的有机化工原料，可广泛应用于化学、食品等工业，也可作为燃料应用于日常生活中。现想使工业酒精凝固成燃料块（又称为方便燃料块）。利用硬脂酸钠受热时软化，冷却后又重新凝固的性质，可将液体酒精包含在硬脂酸钠网状骨架中（骨架间隙中充满了酒精分子），但硬脂酸钠的价格昂贵，且在市场上不易买到。本工艺使硬脂酸在一定的温度下与氢氧化钠反应，生成硬脂酸钠，可大大降低固体酒精燃料的成本。在配方中加入石蜡等物料作为黏结剂，可以得到质地更加结实的固体酒精燃料，添加硝酸铜可改变火焰颜色，还可以添加溶于酒精的染料制成各种颜色的固体燃料。所用的添加剂为可燃的有机化合物，不仅不影响酒精的燃烧性能，而且可使酒精燃烧得更为持久，并可使酒精释放出应有的热能，在实际应用中更加安全方便。

　　本产品用火柴即可点燃，而且可以多次点火和灭火，燃烧升温快，生产使用安全方便，燃烧时无味、无烟、无毒，适用于工厂、住宅、医院、办公室、餐饮店，以及学生野营、部队行军、旅行等。它可用塑料袋密封包装，可长期保存，期间固体酒精燃料产品的主要技术指标不变。

　　通过反复研究，相关人员对固体酒精燃料的生产配方进行了改进，并优化了工业条件，使固体酒精燃料更利于日常应用，以实现资源的最大利用。

三、主要仪器和试剂

　　搅拌器、温度计、天平、三口烧瓶（200 mL）、烧杯、量筒、回流冷凝管、恒温水浴锅。

　　酒精（质量分数≥93％，工业级，100 mL）；氢氧化钠（质量分数≥92％，工业级，0.5 g，约0.0124 mol）；硬脂酸（质量分数≥90％，工业级，2.9 g，约 0.0102 mol）；石蜡（质量分数为90％，工业级，1.0 g）；硝酸铜（质量分数≥98％，化学纯，0.05 g）。

四、实验内容

　　在装有搅拌器、温度计和回流冷凝管的 200 mL 三口烧瓶中加入 2.9 g（约 0.0102 mol）硬脂酸、1.0 g 石蜡、60 mL 酒精，水浴加热至 70 ℃，并保温至固体全部溶解。然后将 0.5 g（约0.0124 mol）氢氧化钠和 2 g 水加入 50 mL 烧杯中，搅拌，全部溶解后再加入 40 mL 酒精，搅匀，将液体在 1 min 内从冷凝管上端加进烧瓶中（要始终保持酒精沸腾）。在水浴上加热，搅拌数分钟后加入 0.05 g 硝酸铜，再回流 15 min，使反应完全，移去水浴，将混合物趁热倒进模具，冷却后密封即得到成品。

改进后的固体酒精燃料明显优于一般制法中制得的固体酒精燃料,而且更利于日常应用。最佳配比、工艺为硬脂酸 2.9 g,石蜡 1.0 g,酒精 100 mL,氢氧化钠 0.5 g,水 2 g,回流温度 70 ℃。采用该工艺生产出的固体酒精燃料具有原料易得、工艺简单、质地均匀、易成型包装、易用于工业化生产的优点,特别适用于中小企业和家庭,具有广阔的市场前景。

实验 15　荧光增白剂 PEB 的合成

一、实验目的

学习荧光增白剂 PEB 的合成原理和合成方法。

二、实验原理

1. 主要性质和用途

荧光增白剂 PEB(fluorescent bleaching agent,PEB)的结构式为

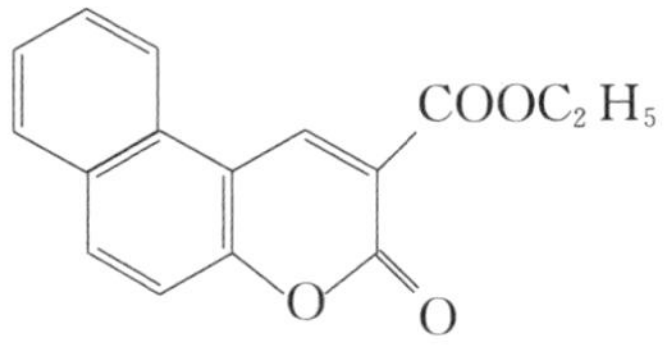

本品是淡黄色粉末,不溶于乙醇。主要用于赛璐珞、聚氯乙烯、醋酸纤维等白料的增白和色料的增艳。

2. 合成原理

(1) 醛化。β-萘酚与氯仿在碱性条件于乙醇中反应,然后再用酸中和,生成 2-羟基-1-萘甲醛:

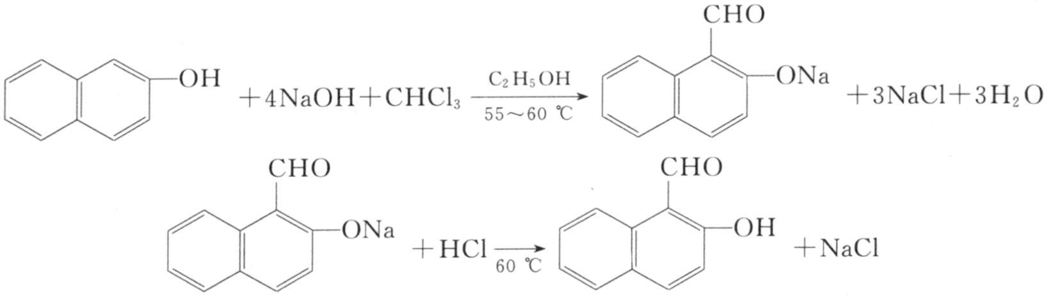

(2) 成环。在醋酸酐(简称"醋酐")存在的条件下,2-羟基-1-萘甲醛与丙二酸二乙酯反应生成荧光增白剂 PEB:

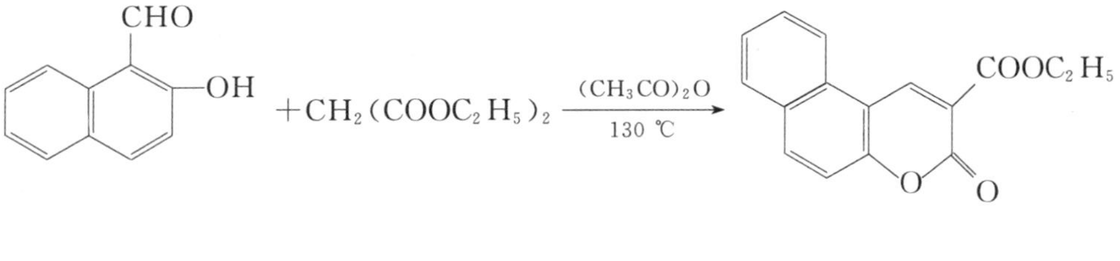

三、主要仪器和试剂

四口烧瓶(250 mL)、球形冷凝管、滴液漏斗(60 mL)、电动搅拌器、温度计(0~100 ℃、0~

200 ℃)、量筒(10 mL、100 mL)、布氏漏斗、玻璃泵、抽滤瓶(500 mL)、研钵、直形冷凝管、电热套、蒸发皿(20 mL)、锥形瓶(50 mL)、烧杯(50 mL、200 mL)、圆底烧瓶(50 mL)、托盘天平。

β-萘酚、乙醇、氢氧化钠溶液、氯仿、醋酐、丙二酸二乙酯、盐酸、纯碱溶液、pH 试纸。

四、实验内容

1. 萘酚的醛基化

于四口烧瓶中加入 48.6 g 乙醇、18 g β-萘酚,加热至 40 ℃,搅拌 30 min。加入 75 mL 质量分数为 30% 的氢氧化钠溶液,升温至 75 ℃,在 30 min 内滴加完 20 g 氯仿,并在 78 ℃下保温 2 h。然后升温至 90 ℃,蒸出乙醇和过量氯仿(用直形冷凝管冷凝)。蒸完后将四口烧瓶冷却至 30 ℃以下,将反应物倒入 200 mL 烧杯中,静置 6 h 后过滤。滤饼加 40 mL 水,加热至 60 ℃,用盐酸中和至 pH 值为 2~3。冷却、过滤。滤饼在 60 ℃以下干燥,即得 2-羟基-1-萘甲醛。

2. 成环

将 6 g 2-羟基-1-萘甲醛,6 g 丙二酸二乙酯和 10 g 醋酐加入圆底烧瓶,搅拌,在 130 ℃下加热回流 6 h。停止加热后再搅拌 1 h,待冷却至 80 ℃以下,静置 24 h,过滤,并用质量分数为 10% 的纯碱液洗涤滤饼,再用清水洗涤滤饼至中性。然后将滤饼放入 50 mL 烧杯中,加入 5 mL乙醇,加热溶解。冷却、过滤,滤饼用少量乙醇冲洗,然后在 60 ℃下烘干,粉碎,称量产物质量,计算产率。

五、注意事项

(1) 乙醇和氯仿均为易燃物,蒸馏时应注意,以防着火。
(2) 过滤操作也可用普通玻璃漏斗进行。
(3) 用乙醇精制 PEB 时,应等温度降到室温后再过滤。

六、思考题

(1) 还有哪些方法可用于制备 2-羟基-1-萘甲醛? 写出对应的化学方程式。
(2) 简述成环反应的条件和荧光增白剂 PEB 的精制方法。

实验 16　铁粉发热剂的制备

一、实验目的

(1) 了解发热剂的主要组成成分及作用原理。

(2) 学习铁粉发热的基本知识和反应原理。

(3) 掌握差热分析法及铁粉发热的实验方法。

二、实验原理

发热剂主要是由铝、氧化物、硝酸盐和氧化铁组成的混合物,同时还常含有其他一些附加物,如黏结剂和填充剂等。发热剂的燃烧速度及燃烧时释放出的热量,对其适用性具有决定性影响。此外,它的导热性及熔化温度等也影响其适用性。发热剂通常以化学反应产生的溶解热或氧化热为热源来达到发热目的。与通常使用的燃料、电力发热装置相比,这种发热剂原料易得,制造简单,易携带,已普遍用于人体、动物或其他物品的升温加热,若能进一步降低其成本和售价,其应用将更加广泛。

用这种发热剂制成的发热袋(体),与通常使用的热水袋相比具有不需热水源、温度稳定、持续时间长等特点,因此,其用途更加广泛,例如用于野外急救、应急取暖、食品加热及解冻、塑料熔接、氧气检测,或用作怀炉、脚炉等。

使用差热分析法能相当清楚地描述发热剂的燃烧过程。当试样在 20～1200 ℃ 范围内缓慢加热时,从差热分析曲线上能观察到燃烧进程中产生的各个反应。发热剂的燃烧过程涉及两个主要的放热反应,它们分别发生在 300～600 ℃ 及 800～1200 ℃ 范围内,各反应的精确温度及强度取决于发热剂的成分。不加氧化铁的 Al-NaF-硝酸盐混合料在加热过程中有两个较强的放热反应,分别发生在 300～500 ℃ 及 800～1150 ℃ 范围内。低温下(300～500 ℃)的放热反应是由硝酸盐在此温度范围内的分解作用,或是 NaF 部分氧化引起的,而高温下(800～1150 ℃)的放热反应是由 Al 的强烈氧化引起的。

现以铁粉和醋酸为主要原料,利用反应生成的亚铁化合物易被空气中的氧气所氧化,同时伴随有热量的释放来制作发热剂。

铁粉与醋酸的反应方程式:

$$Fe + 2HAc = Fe(Ac)_2 + H_2 \uparrow$$

二价铁被氧化的反应方程式:

$$Fe(Ac)_2 + O_2 + H_2O = FeOAc + Fe(OH)_2Ac$$

三、主要仪器和试剂

烧杯(500 mL)、量筒(100 mL)、玻璃棒、电子天平、铁架台、煤气灯、石棉网、试管蒸发皿、表面皿、软质塑料袋。

醋酸(3%)、活性炭、铁粉。

四、实验内容

（1）称取 25 g 还原铁粉置于蒸发皿中，用煤气灯加热 1～2 分钟，使铁粉微热，然后量取 3 mL 3‰的醋酸注入蒸发皿，用玻璃棒搅拌几分钟后，当铁粉开始呈现灰黑色时，停止加热。将蒸发皿置于石棉网上，并将表面皿盖在蒸发皿上，使其自然冷却。

（2）将冷却后的产物立即倒入软质塑料袋中，压实并将塑料袋折叠一下，然后装入 8 g 活性炭，再将塑料袋折叠、卷紧，与空气隔绝，放置阴凉处备用。

（3）使用时，将折叠的塑料袋打开，让空气进入，用手搓并上下抖动，使袋内的物料混合均匀，几分钟后袋内温度开始上升，过程中加入适量醋酸可以使放热加速。若欲使其停止发热，只需将塑料袋内物料压实、折叠、卷紧，与空气隔绝，发热现象随即停止。

五、结论

由铁粉及醋酸反应制得的醋酸亚铁，在被氧化的过程中会放热，利用这点可以制备化学热袋。同时，加入适量的活性炭可以吸附反应过程中产生的难以处理的物质，从而达到更好的制热效果。

六、注意事项

铁粉发热实验过程中，需要严格控制铁粉与醋酸反应的时间，反应时间不宜过长、温度不宜过高，以确保有较多的醋酸亚铁生成。

七、思考题

（1）在制备醋酸亚铁时，会散发出刺鼻的气味，影响实验效果，是否可以使用其他的有机酸代替醋酸？

（2）铁粉发热实验中，由于实验条件有限，没有加入木炭，但这对实验结果没有明显的影响，那么，木炭在实验中具体起怎样的作用呢？

实验 17　化学冰袋的制备

一、实验目的

（1）学习化学冰袋的制冷原理。

（2）掌握化学冰袋的制备方法，巩固硝酸铵溶解时的吸热性质。

二、实验原理

在医疗保健和日常生活中，常需要制冷降温过程。如人体的退烧降温，扁桃体、耳鼻喉等手术后的消炎止痛，脑部手术时的人体冷却降温，菌种、疫苗等运输途中的低温储存，以及夏季野营拉练和旅游途中冷饮、鱼、肉、海鲜的短期冷藏。通常人们使用冰块来达到降温目的，但使用冰块有许多不便之处，难以达到随时随地取用。化学冰袋指在外塑料袋内装有高科技聚合物的冰袋，其中，高科技聚合物为颗粒状物。当把冰袋放入水中揉搓时，水与聚合物作用，其溶解的过程是一个吸热的过程。日用化学冰袋是同一塑料袋中分开包装的 A、B 两组化学药品，使用时将两组分混合，两组分间发生吸热反应使系统温度降低，达到冷却目的。与冰块及其他类型的冰袋相比，该冰袋具有体积小、重量轻、冷却温度低、持续时间长、价格低廉、使用保存方便等特点。

无机盐溶于水的过程包括两个部分，首先是在水分子作用下破坏原有无机盐的离子晶格，使无机盐的组成离子进入水溶液，这个过程需吸热；然后离子与水分子化合形成水合离子，这个过程放热。无机盐溶于水时，总的热效应由这两部分的综合效应来决定。硝酸铵等少数盐类溶解时吸热特别强烈，因而是常用的化学制冷剂。十水硫酸钠在常温下易失去结晶水，以此结晶水为溶剂，在连续溶解硫酸铵、硝酸铵及硫酸氢钠等盐类时，会产生吸热效应，从而可起到持续制冷的效果。

三、主要仪器和试剂

烧杯（500 mL）、量筒（100 mL）、玻璃棒、电子天平、软质塑料袋。

十水硫酸钠、硫酸铵、硝酸铵、硫酸氢钠。

四、实验内容

（1）称取 48 g 十水硫酸钠置于一个软质塑料袋中。

（2）称取 20 g 硫酸铵、40 g 硝酸铵和 20 g 硫酸氢钠，置于另一个软质塑料袋中，即得化学冰袋。

（3）使用时，将两个袋中的物质混合，使物料充分接触，即可发挥制冷作用。

五、结论

硫酸铵、硝酸铵、硫酸氢钠溶于十水硫酸钠失去的结晶水中,会产生吸热现象。由于冰袋体积小、重量轻、原料易得、冷却温度适宜、冷却持续时间较长,所以其特别适用于降温退烧、止血止痛等医疗保健领域。

六、注意事项

两个袋中的物质混合时要使物料充分接触。

七、思考题

(1) 制取的冰袋属于一次性消耗品,向使用过后的冰袋中加入一些什么化学试剂可以使之被重复使用?

(2) 化学冰袋是否可取代凝胶包、袋装冰、块冰和干冰等?

实验 18　过氧化尿素的制备

一、实验目的

(1) 通过定性实验了解过氧化尿素的氧化还原性质。

(2) 掌握制备过氧化尿素的实验方法。

二、实验原理

过氧化尿素又称过氧化氢尿素、过碳酰胺、过氧化碳酰胺或过氧化氢脲,分子式为 $CH_6N_2O_3$,外观为白色针状晶体或粉末,无毒无味,易溶于水。其是一种与过氧化氢溶液性质相似的固体氧化剂。与过氧化氢相比,过氧化尿素具有价廉、安全、易于存储、使用方便等优点,因而被广泛应用于医药、纺织、日用化工、食品、印染、农业、建筑等领域。

制备过氧化尿素的反应原料为尿素和双氧水。其中,尿素是 Lewis 碱,H_2O_2 是 Lewis 酸,二者混合后,发生加合反应,得到的产物是尿素分子与过氧化氢分子之间通过氢键以 1∶1 物质的量比混合形成的不含结晶水的混合物,反应方程式为

$$CO(NH_2)_2 + H_2O_2 = CO(NH_2)_2 \cdot H_2O_2$$

三、主要仪器和试剂

锥形瓶、水浴锅、表面皿、滤纸、电子天平。

过氧化氢(30%)、尿素(s)。

四、实验内容

(1) 取 5.0 mL 30% 的 H_2O_2 放入 50 mL 锥形瓶中,加入 1.75 g 尿素(H_2O_2 与尿素的物质的量比为 3∶2)。

(2) 水浴加热至 60 ℃,将装有反应混合物的锥形瓶放入水浴锅中,加热几分钟,得到一种澄清、透明的溶液。

(3) 将溶液转移到大的表面皿上,在 60 ℃ 恒温水浴锅上缓慢蒸发,至溶液中缓慢析出针状晶体。

(4) 当结晶完全后,用定性滤纸吸去针状晶体上的水分,称重。

五、结论

本实验通过混合尿素和过氧化氢溶液,并缓慢蒸发溶液得到过氧化尿素晶体。过氧化尿素遇水缓慢分解,释放出活性氧(reactive oxygen species,ROS)。活性氧的存在使其表现出较强的氧化性、漂白性和杀菌性。

六、注意事项

（1）水浴加热时，要注意控制温度，防止尿素分解，缓慢蒸发过程约需 60 min。
（2）操作时应注意过氧化氢、过氧化尿素均有腐蚀性。
（3）30％的过氧化氢不可接触金属，特别是金属粉末。

七、思考题

为什么 H_2O_2 与尿素的物质的量之比为 3：2?

实验 19　嵌段聚醚氨基硅油柔软剂的合成

一、实验目的

（1）了解阳离子聚氨酯预聚体（PUAN）基础配方及其合成方法。

（2）掌握红外光谱仪的使用。

二、实验原理

近几年，随着研究的深入，嵌段聚醚氨基硅油柔软剂在回弹和柔糯等综合触感上还不能完全满足市场需求，而聚氨酯因其独特的软硬链段及微相分离结构，而具有优异的回弹性和糯感。因此，对聚氨酯改性嵌段聚醚氨基硅油的深入研究可以促进有机硅柔软剂更好地发展。由于有机硅链段中缺少氨基活泼氢的定位作用，织物吸附有机硅柔软剂相对少，因而综合手感相对不佳。为此，我们选择毒性和黄变较低的 IPDI，利用其分子内仲碳原子上所连 NCO 基的活性大于伯碳原子上所连 NCO 基的活性的特性，将其与 PEG400 和 N,N-二甲基乙醇胺反应，首先合成出了一种阳离子聚氨酯预聚体，再将其与聚醚胺 HE1000 以 2∶8 的量之比复合，然后再与摩尔质量为 13000 g/mol 的端环氧硅油进行反应，进而制得一种有机硅柔软剂。此法不仅能很好地将聚氨酯嵌段到聚硅氧烷链段中，还能增加有机硅柔软剂的氨值，形成微交联结构，可将其用于罗马布和珊瑚绒织物的后整理，效果很好。

三、主要仪器和试剂

电子天平、恒压滴定漏斗、四口烧瓶、烧杯（50 mL、250 mL、500 mL）、量筒（10 mL、100 mL）、数显旋转黏度计、集热式恒温加热磁力搅拌器（DF-101S）、pH 计（FE-28）、红外光谱仪。

聚乙二醇（PEG400，工业级）、端环氧硅油（13000 g/mol）、三胺型聚醚胺（Elastamine HE-1000，2.60～2.90 mmol/g）、异佛尔酮二异氰酸酯（IPDI，AR）、N,N-二甲基乙醇胺（DMEA，AR）、有机铋（自制）、冰醋酸（AR）、异丙醇（AR）、异构十三醇聚氧乙烯醚乳化剂（TO_5、TO_7）、珊瑚绒（150D/288F）、罗马布（32st/r+75D）、乙酸乙酯、去离子水。

四、实验内容

（1）阳离子聚氨酯预聚体基础配方：IPDI 200 g，PEG400 180 g，乙酸乙酯 197.5 g，DMEA 80.5 g，冰醋酸 55 g，有机铋 0.05 g。

（2）嵌段聚醚氨基硅油（PU-Si-A）基础配方：摩尔质量为 13000 g/mol 的端环氧硅油 200 g，Elastamine HE-1000 16 g，PUAN 6.35 g，异丙醇 145 g。

（3）预聚体的合成：将计量的 PEG400 在 120 ℃、0.1 MPa 条件下脱水 2 h，取样测定水的质量分数小于 0.02%，达到要求后将其移入恒压滴定漏斗中降温。在四口烧瓶内加入计量的 IPDI、有机铋、乙酸乙酯，搅拌均匀后，加热至 45℃，滴加 PEG400，然后保温 30 min，用滴定法测定 NCO 基的含量,并用红外光谱辅助跟踪分析,当测得 NCO 基的含量为 IPDI 中 NCO 基的一半(即 18.75%)时,反应结束,得到中间产物 MPUA。

(4) 阳离子聚氨酯预聚体的合成:将上述 MPUA 快速降温到 35℃,再慢慢滴加计量的 DMEA,待 DMEA 滴加完毕后,保温 15 min。用滴定法测定 NCO 基的含量为零,且红外光谱跟踪测定 NCO 基特征峰消失时结束反应。再滴加等量的冰醋酸,中和叔胺,待 pH 值为中性,得到淡黄色透明液体 PUAN。

(5) 嵌段聚醚氨基硅油的合成:将端环氧硅油、PUAN 和 Elastamine HE-1000 依次加入四口烧瓶中,搅拌均匀,然后加入异丙醇溶液,再次搅拌均匀,慢慢升温至 80 ℃,保温反应 8～10 h,得淡黄透明黏稠液体,记作 PU-Si-A,其黏度为 2000～2800 mPa·s,烘干法测得其固体质量分数约为 60%。

(6) PU-Si-A 的乳化:向乳化设备中加入 6 g 乳化剂 TO$_5$、6 g 乳化剂 TO$_7$、200 g PU-Si-A,搅拌均匀,然后加入 2 g 冰醋酸。少量多次缓慢加入 448 g 去离子水,待混合物有流动性后,加快加水速度,最终得到带蓝光的透明乳液,其烘干后的固体质量分数为 20%。取 10 g 该乳液,加入到 250 mL 烧杯中,再向该烧杯中加入 190 g 去离子水,搅拌均匀,得到固体质量分数为 1% 的乳液,测得该 1% 乳液的 pH 值为 5.50。

五、结论

用聚乙二醇(PEG400)、异佛尔酮二异氰酸酯合成了阳离子聚氨酯中间体,再以此为原料与 Elastamine HE-1000 复配,与端环氧硅油反应,制得嵌段聚醚氨基硅油。相关实验结果表明,当 PUAN 和 Elastamine HE-1000 量之比为 2∶8,总环氧值与总氨值之比为 1∶1.3,端环氧硅油摩尔质量为 13000 g/mol 时,合成的 PU-Si-A 用于罗马布和珊瑚绒整理时,表现出良好的软度、滑度、蓬松度和柔糯度。

六、注意事项

(1) 端环氧硅油与 PUAN、Elastamine HE-1000 反应时,反应时间越长,环氧基团与氨基的反应进行得越充分。

(2) 考虑到反应的安全性和反应效率,反应温度选择 80 ℃。

七、思考题

为什么本实验选择异丙醇作为反应溶剂?

实验 20　亲水性有机硅柔软剂的制备

一、实验目的

（1）了解有机硅柔软剂的组成成分及作用原理。

（2）掌握乳液聚合的方法及亲水性有机硅柔软剂的实验制备过程。

二、实验原理

有机硅柔软剂在纺织印染行业应用广泛，它能赋予织物挺括、柔软、爽滑而丰满的手感，近年来其用量成倍增长。市场上的多数有机硅柔软剂为本体聚合生产出来的氨基硅油乳液，虽然它能赋予织物优异的手感，但是有许多不足之处，受其疏水性的限制，整理后的天然织物和化纤织物具有带静电、吸灰、起球、闷气等缺点，为克服这些缺点，依据有机硅的结构及性能，通过乳液聚合方式对聚硅氧烷进行改性，获得了具有优异亲水性和柔软爽滑性的有机硅柔软剂。

采用乳液聚合的方式，以 D4 为单体，在乳化剂、催化剂的作用下，开环聚合成核，由于核中硅油的端羟基具有亲水性，所以其能分布在乳液 O/W 界面上，这些羟基具有很强的活性，可以与相水中的氨基偶联剂反应，当核中的硅油达到普通羟基硅油的分子量后，滴加氨基硅烷，使其与核表面的羟基接枝，形成壳层，有类似于核/壳型的结构。

三、主要仪器和试剂

电动搅拌器、恒温水浴锅、温度计、三口烧瓶（500 mL、1000 mL）、药物天平。

二甲基环硅氧烷（DMC）、N-(β-氨乙基)-γ-氨丙基甲基二甲氧基硅烷（硅烷偶联剂DL-602）、阴离子表面活性剂（DBSA，含量大于 95％）、三乙醇胺、非离子表面活性剂（异构醇聚氧乙烯醚 13/50、13/70）、有机硅交联剂（甲基三甲氧基硅烷）。

四、实验内容

（1）按照原料比例依次称取 DMC、非离子表面活性剂、水各 125 g，并放入 500 mL 三口烧瓶中，在 1500 r/min 的速度下搅拌 15 min 备用。

（2）依次称取水 225 g，适量 DBSA，并放入 1000 mL 三口烧瓶中，再将三口烧瓶放入恒温水浴锅中升温搅拌，当水浴温度上升到 82 ℃时，观察三口烧瓶中的 DBSA 是否完全溶解，料液是否清澈透明，如果是，则开始滴加预乳液，用 2 h 左右的时间完成滴加，再滴加少量的甲基三甲氧基硅烷，恒温反应 5 h，取出冷却，静置 12 h。

（3）称取适量 DL-602，加水进行水解（水的量为 DL-602 的量的 2 倍），冷却下来后，将其滴入羟基硅油，并放入 60 ℃水浴中搅拌，恒温 2 h 后，用 50％的三乙醇胺中和，将 pH 调整到 2～3 时即可，过滤，装瓶。

五、结论

亲水性有机硅柔软剂兼备了氨基硅油和羟基硅油的优点,其是一种具有良好应用前景的织物后整理剂,理由如下。①乳液中的氨基具有极性,增加了对纤维的亲和力,提高了纤维对硅油的吸附量,并能使硅油在纤维表面有效定位,形成规整排列,改善其柔软性。②乳液粒子表层的氨基和羟基具有亲水性,能使乳液粒子表面形成稳定的水化层,阻止乳液粒子相互靠近,同时,这些氨基在弱酸性溶液中带相同的正电荷,使乳液粒子之间相互排斥,阻止乳液粒子的凝聚,增强乳液的稳定性。③由于采用了在制备羟基硅后,再次进行氨基改性的方法,所以氨基改性羟基硅油的分子量可以达到一定的水准,具有普通羟基硅油的平滑性。

六、注意事项

(1) 为了获得稳定的有机硅微乳液,乳化剂的选择和用量至关重要。

(2) 称取适量 DL-602,加水进行水解时,水的量为 DL-602 的量的 2 倍。

七、思考题

(1) 为什么硅烷偶联剂 DL-602 的添加量直接影响织物整理后的手感?

(2) 为什么硅烷偶联剂 DL-602 加多了,乳液氨值偏高,会使整理后的织物手感更柔软,但爽滑性变差?

实验 21　杉木集成薄木的漂白

一、实验目的

（1）学习以双氧水为主漂白剂漂白杉木集成薄木的原理。

（2）掌握杉木集成薄木的漂白方法。

二、实验原理

近年来，我国人工林面积已跃居全球第一，其中，杉木是我国南方种植面积较广的速生材，目前杉木林面积已有 911 万平方米，2/5 已进入采伐期；但由于人工林生长快，导致其自身材质缺陷较多，严重影响了其开发利用。因此，如何高效利用人工速生林已迫在眉睫。随着我国装饰装修行业的兴起，市场上已经出现了指接而成的杉木集成薄木装饰材料。凭借着浓厚的香气和美丽的纹理，杉木集成薄木在市场中深受人们喜爱。

由于杉木的心材、边材区别明显，所以由杉木木方刨切而成的薄木色差较明显。为了开发杉木高附加值产品，本研究将对杉木集成薄木进行漂白处理以消除色差。目前市场上的漂白剂主要有两种：氧化型的和还原型的，其中，最常用的漂白剂为氧化型的 H_2O_2。

本实验将以双氧水为主漂剂漂白杉木集成薄木，综合分析各实验因素后得出适合杉木集成薄木漂白的方法。

三、主要仪器和试剂

烧杯（500 mL）、量筒（100 mL）、玻璃棒、电子天平。

杉木集成薄木（规格为 150 mm×200 mm×0.2 mm，含水率为 8%）、漂白药剂（H_2O_2，30%）、Na_2SiO_3、去离子水。

四、实验内容

实验流程如下：取杉木集成薄木，进行白度、色差检验，浸入漂白药剂，加热漂白，清洗，干燥，进行白度、色差检验。

实验在浴比为 1∶20（体积比）和硅酸钠质量分数为 0.7% 的条件下进行，研究漂白温度、时间和双氧水质量分数对漂白效果的影响。

五、结论

（1）在漂白实验中，漂白温度是影响试材白度的主要因素，其次为漂白时间和 H_2O_2 的质量分数。

（2）影响色差的因素由主到次依次为：漂白温度、漂白时间、H_2O_2 的质量分数。

（3）杉木集成薄木的白度随漂白温度增加而逐渐增大,随温度增加,色差逐渐减小。但在漂白温度为 70 ℃时,薄木已趋于白色,即脱离了杉木原色,失去了杉木集成薄木的美观性。综合考虑漂白效果和生产成本后,较佳的杉木集成薄木漂白工艺参数为:漂白温度为 50 ℃,H_2O_2 的质量分数为 4%,漂白时间为 30 min。

六、注意事项

（1）温度增加,薄木的白度增大、色差减小。

（2）当温度为 70 ℃时,随着漂白时间的增加,色差反而会增大。

（3）实际生产中,时间的延长意味着成本的增加,所以在控制好白度和色差的基础上,缩短漂白时间可以提高生产效率。

七、思考题

（1）为什么温度对杉木集成薄木漂白效果的影响最为显著?

（2）为什么漂白时间对杉木集成薄木的白度影响不明显?

实验 22 抗静电柔软剂的制备

一、实验目的

(1) 通过定性实验了解皂化反应原理。
(2) 掌握制备抗静电柔软剂的实验方法。

二、实验原理

随着生活水平的提高,人们对纺织品服饰的舒适性和功能性要求也在不断提高。在纺织品加工过程中,织物会经过各种化学助剂及浆料的作用和湿热加工,经受各种机械力作用,织物组织结构和纤维的形态在加工过程中会或多或少地发生一些变化,从而引起织物手感粗糙、僵硬。另外,纺织品在使用过程中易因摩擦和感应产生静电现象,特别是对于回潮率较低的混纺织物如涤棉织物,静电现象更加显著。纺织材料的这种静电现象,容易引起灰尘吸附服装,纠缠肌体,产生黏附不适感,此外,较高的静电压可对人体产生电击。因此,柔软剂和抗静电剂作为可改善织物手感、防止织物吸尘吸灰的助剂被普遍用于织物的功能整理过程。阴离子型柔软剂是最早使用的柔软剂,一般其需与非离子型柔软剂配合,织物经其整理后具有柔软、丰满、光滑的手感,而且可使织物的吸湿性提高,达到抗静电的目的。本实验首先利用皂化反应原理自制了一种抗静电柔软剂,然后采用浸轧、预烘燥、焙烘的简单方法对织物进行功能整理,以确定这种整理剂的应用工艺条件。

三、主要仪器和试剂

锥形瓶、水浴锅、表面皿、滤纸、电子天平、静电压测试仪、烘箱。
涤棉平纹织物、牛油(羊油)、NaOH、乳化剂 O。

四、实验内容

1. 皂化过程
将动物油脂(牛油或羊油)微热熔化,然后将其和 NaOH 浓溶液按一定配比(牛油 0.5 kg,40% 的 NaOH 浓溶液 1 kg)加入反应釜,同时不断搅拌,让油脂充分水解,生成高级脂肪酸钠盐和甘油。

2. 乳化过程
向生成的高级脂肪酸钠盐和甘油与水的混合液中慢慢加入乳化剂 O,边加边搅拌,直至得到乳白色浓稠乳液。

3. 固化过程
将制得的浓稠乳液置于干燥通风处,让其中的水分慢慢蒸发,最后成形为蜡状半透明乳白色软固体。

4. 整理工艺流程

配制整理液→浸轧(二浸二轧,轧余率为 80%)→预烘燥(80 ℃)→焙烘→回潮 24 h。

五、结论

借助非离子表面活性剂(乳化剂 O)的分散、乳化作用,使制得的柔软剂具有良好的抗静电性和稳定性,且使用起来方便,对织物的白度、色度影响很小。柔软剂的原料来源丰富,成本低,生产过程中无能源消耗、无污染物排放,完全符合"环保生产,绿色整理"的理念。通过实验可知,该柔软剂的最佳应用工艺条件是:柔软剂用量为 40 g/L,焙烘温度为 160 ℃,焙烘时间为 120 s。

六、注意事项

(1) 因此,考虑成本及织物的泛黄性、柔软性等因素,柔软剂的用量宜控制在 40 g/L。
(2) 在焙烘温度为 160 ℃,焙烘时间为 30～150 s 的条件下,对织物进行整理。

七、思考题

(1) 实验中为什么要进行焙烘?
(2) 在织物的功能整理过程中,为什么焙烘时间对织物的整理效果影响很大?

实验 23　硫酸盐镀锌光亮剂的制备

一、实验目的

(1) 通过实验学习酯化反应和皂化反应的反应原理。

(2) 掌握制备硫酸盐镀锌光亮剂的实验方法。

二、实验原理

在氯化物镀锌光亮剂的制备实验中,为了提高载体光亮剂的浊点,方法之一是将聚氧乙烯类非离子表面活性剂分子中的伯羟基用氨基磺酸、硫酸等磺化剂进行酯化,生成聚氧乙烯半脂。酯化反应的结果是在分子中引入了一个亲水性的磺酸基,从而使其浊点显著提高,满足了氯化物镀锌对光亮剂浊点的要求。但在高浓度硫酸锌镀槽中,这种载体光亮剂的浊点远远不够,必须进一步提高载体光亮剂的浊点。而我们知道,在表面活性剂的分子中,亲水基团越多,其浊点越高,耐盐析能力越强。因此,要提高载体的浊点,应在其分子中引入多个亲水基团。

基于这一分析,本实验利用脂肪醇聚氧乙烯醚伯羟基的活泼性,先使其与顺丁烯二酸酐进行酯化反应,生成脂肪醇聚氧乙烯醚伯羟基酯,然后在酸酐的双键处与亚硫酸钠进行加成反应,生成脂肪醇聚氧乙烯醚伯羟基酸酯磺酸钠。这样不但在分子中引入了一个磺酸基,同时还引入了两个亲水性很强的羧基,使其浊点大大提高,在 $0\sim2\%$ 的 NaCl 水溶液中,其浊点大大超过 100 ℃,满足了硫酸盐镀锌对载体光亮剂浊点的要求。

三、主要仪器和试剂

烧杯、滴定管、滤纸、电子天平。

聚氧乙烯、顺丁烯二酸酐、亚硫酸钠溶液、酯化十二烷基三甲基胺、亚甲蓝。

四、实验内容

合成反应分酯化和磺化两步完成,方法如下。将约 43 g 聚氧乙烯加入 250 mL 烧杯中,置烧杯于调温电热套中(预先加热到所设定的温度),待聚氧乙烯熔化后,在搅拌下加入约 3% 的催化剂,然后向体系中缓慢加入顺丁烯二酸酐,使之逐渐溶解。由于酯化反应为一放热反应,因此要适当控制加入酸的速度以保持温度不变。反应 $2\sim5$ h 后,酯化反应基本完全,测定此时的酯化率。接着将温度降至 $0\sim8$ ℃,进行磺化反应,将预先配制好的亚硫酸钠溶液缓慢加入酯化烧杯,并强烈搅拌以防止结块,在此温度下磺化反应 1 h,待反应完成后,得一淡黄色透明膏状物,即为合成的脂肪醇聚氧乙烯醚伯羟基酸酯磺酸钠载体光亮剂,其浊点在 $0\sim2\%$ 的 NaCl 水溶液中超过 100 ℃。

用 0.05 mol/L 的 NaOH 标准溶液滴定一定量产物的酸值,然后计算酯化率。对于磺化率的测定,用酯化十二烷基三甲基胺标准溶液滴定一定量产物溶液,用亚甲蓝作指示剂。

五、结论

(1) 借助自制的催化剂合成脂肪醇聚氧乙烯醚伯羟基酸酯磺酸钠无浊点载体光亮剂解决了高浓度硫酸锌镀液中载体光亮剂的浊点问题,该载体光亮剂合成方法简单,反应条件温和,合成过程中无废物排放,无污染。

(2) 以合成的载体光亮剂为基础研制了一种新的硫酸盐镀锌光亮剂,其综合性能良好,既可用于线材的硫酸盐高速连续镀锌,又可用于外形不太复杂的零部件的挂镀和滚镀。

六、注意事项

(1) 反应温度、酯化时间、磺化时间尤为重要。
(2) 用 0.05 mol/L 的 NaOH 标准溶液滴定一定量产物的酸值。

七、思考题

(1) 在基础镀液中添加 20 mL 光亮剂,pH 会如何影响实验?
(2) 为什么在 5～55 ℃的范围内,镀液都能较好地工作?

第三章　消毒杀菌剂、防菌防霉剂

实验 24　水质净化消毒剂的合成

一、实验目的

（1）掌握用于水质净化的新型凝聚剂的生产工艺和作用原理。

（2）认识水质评价的必要性，知道几种常见的水质评价指标。

（3）知道水污染的危害，了解中和法、氧化法、沉淀法等常见的水污染处理方法。

（4）了解中国及世界的水资源状况，认识人类所面临的水资源危机，树立保护水资源的意识。

二、实验原理

1. 压缩双电层

胶团双电层的构造决定了在胶粒表面处反离子的浓度相对较大，胶粒表面向外的距离越大，反离子浓度越低，最终与溶液中离子浓度相等。向溶液中投加电解质，会使溶液中离子浓度增高，则扩散层的厚度将减小。

当两个胶粒互相接近时，由于扩散层厚度减小，ξ 电位降低，因此它们相互的排斥力就减小了，也就是离子浓度高的溶液中，胶粒的胶间斥力比离子浓度低的要小。胶粒间的吸力不受水相组成的影响，但由于扩散减薄，它们相撞时的距离就减小了，这样相互间的吸力就大了。胶粒间排斥与吸引的合力由以斥力为主变成以吸力为主，胶粒得以迅速凝聚。

根据这个机理，当溶液中的外加电解质超过发生凝聚的临界凝聚浓度很多时，也不会有更多超额的反离子进入扩散层，不可能出现胶粒改变符号而重新稳定的情况。这样的机理借单纯静电现象来说明电解质对胶粒脱稳的作用，它没有考虑脱稳过程中其他性质的作用（如吸附），因此不能解释其他复杂的脱稳现象，例如三价铝盐与铁盐作为凝聚剂时，若投量过多，反而会使凝聚效果下降，甚至使溶液重新稳定；又如与胶粒带同号电的聚合物或高分子有机物可能有好的凝聚效果。等电状态应有较好的凝聚效果，但往往在生产实践中，ξ 电位大于零时，凝聚效果却较差。

实际上，在水溶液中投加凝聚剂使胶粒脱稳的现象涉及胶粒与凝聚剂、胶粒与水溶液、凝聚剂与水溶液三个方面的相互作用，其是一个综合的现象。

2. 吸附电中和

吸附电中和作用指胶粒表面对异号离子、异号胶粒或链状离分子带异号电荷的部位有强烈的吸附作用，由于这种吸附作用中和了胶粒的部分电荷，减少了静电斥力，因而胶粒容易与其他颗粒接近并吸附。此时静电引力常是这些作用的主要方面，但在很多的情况下，它的作用超过了静电引力的。

3. 吸附架桥作用

吸附架桥作用的机理主要是高分子物质与胶粒的吸附与桥连,还可以理解成两个大的同号胶粒中由于存在一个异号胶粒而连接在一起。高分子凝聚剂具有线性结构,它们具有能与胶粒表面某些部位起作用的化学基团,当高聚合物与胶粒接触时,基团能与胶粒表面产生特殊的反应而相互吸附,而高聚物分子的其余部分则伸展在溶液中,可以与另一个表面有空位的胶粒吸附,这样聚合物就起了架桥连接的作用。假如胶粒少,上述聚合物的伸展部分连不上另外的胶粒,则这个伸展部分迟早还会被原先的胶粒吸附在其他部位上,这个聚合物就不能起到架桥作用,而胶粒则处于稳定状态。高分子凝聚剂投入量过大时,会使胶粒表面饱和,从而产生再稳现象。已经架桥凝聚的胶粒,如受到剧烈的长时间的搅拌,则架桥聚合物可能从另一胶粒表面处脱开,重新卷回原所在胶粒表面,达到再稳定状态。

聚合物在胶粒表面的吸附涉及各种物理化学作用,如范德华引力、静电引力、氢键作用、配位键作用等,这取决于聚合物与胶粒表面的化学结构特点。这个机理可用于解释非离子型或带同号电的离子型高分子凝聚剂能得到好的凝聚效果的现象。

4. 沉淀物网捕机理

金属盐、金属氧化物和氢氧化物用作凝聚剂时,当投加量大到足以迅速沉淀金属氢氧化物或金属碳酸盐时,水中的胶粒可在这些沉淀物形成时被网捕。当沉淀物带正电荷,且溶液在中性和酸性 pH 范围内时,沉淀速度可因溶液中存在阴离子(如硫酸银离子)而加快。此外,水中胶粒本身可作为这些金属氢氧化物沉淀物形成的核心,所以凝聚剂投加量与被除去物质的浓度成反比,即胶粒越多,金属凝聚剂投加量越少。

简而言之,铝、铁离子发生水解,生成具有吸附性的氢氧化铝、氢氧化铁胶体:

$$Al^{3+} + 3H_2O \Longrightarrow Al(OH)_3(胶体) + 3H^+$$

$$Fe^{3+} + 3H_2O \Longrightarrow Fe(OH)_3(胶体) + 3H^+$$

水中的悬浮颗粒因氢氧化铝、氢氧化铁胶体的吸附作用一起沉降下来。

三、主要仪器和试剂

电动搅拌器、反应釜、研钵、电子天平、烘箱、容量瓶、玻璃棒、烧杯(50 mL、250 mL、500 mL)、量筒(10 mL、100 mL)。

工业盐酸、含铝量为 $80\%\sim90\%$ 的铝屑、含铁量为 $50\%\sim90\%$ 的铁屑、明矾石细粉、$FeCl_3$ 溶液、高岭土细粉、NaOH、KOH、小苏打、消毒剂(如氯溴三聚异氰酸、漂白粉、漂白精等)。

四、实验内容

1. 高分子聚合铁铝钾

将工业盐酸置于反应釜中,加水稀释成 $19\%\sim28\%$ 的稀酸。搅拌下缓慢加入金属铝与金属铁(可用医用铝粉、铁粉,亦可用含铝量为 $80\%\sim90\%$ 的铝屑与含铁量为 $50\%\sim90\%$ 的铁屑),二者与盐酸的质量比分别为 $64\%\sim90\%$、$5\%\sim16\%$。同时将焙烧过的明矾石细粉加入反应液,加入量与盐酸质量之比为 $10\%\sim20\%$。剧烈反应完成后,加入 $FeCl_3$ 溶液,产生聚合现象,$FeCl_3$ 用于调整反应液比重至 Bex $15°\sim20°$,其中,$FeCl_3$ 加入量为盐酸质量的 $10\%\sim$

20％。同时加入少量焙烧过的高岭土细粉,加入量可达到盐酸质量的 10％～20％。在室温下静置两至三天,使反应充分。取上层清液加稳定剂 NaOH、促进剂 KOH(与盐酸的质量之比为 4％～8％),可以 40％左右的溶液形式加入。搅拌均匀后形成稳定的铁铝钾聚合物,它是5000 Å 以上的无机高分子无规则共聚物,可作为新的高效凝聚剂。

2. 凝聚剂的制备

将合成的高分子铁铝钾聚合物直接作为凝聚剂使用,亦可烘干成粉,或制成片剂使用。待其烘干后,按 1/10～1/4 的比例加入助凝剂,再按 1/10～1/5 的比例加入消毒剂,即成为净化消毒剂。

五、注意事项

(1)加入漂白粉或漂白精(消毒剂)后,成品保质期较短,可将消毒剂改为氯溴三聚异氰酸。

(2)石灰仅适用于非饮用水的助凝。

六、思考题

(1)常用的凝聚剂有哪些? 请简要概括它们的性质及分类。

(2)水处理中常用的凝聚剂有哪些?

(3)请简要概括凝聚剂的作用及机理。

(4)影响凝聚剂使用的因素有哪些?

实验 25　厨房用具杀菌剂的制备

一、实验目的

(1) 了解厨房用具杀菌剂的配制原理和各组分的作用。
(2) 掌握厨房用具杀菌剂的配制方法。

二、实验原理

1. 银离子杀菌机制

金属银在水中会溶出微量的 Ag^+，Ag^+ 可强烈吸引机体汇总的巯基（$-SH$）并与其反应，使蛋白质凝固，破坏细胞合成酶的活性，细胞因丧失分裂、增殖能力而死亡，当菌体失去活性后，银离子又从菌体中游离出来，重复进行杀菌活动，因此其抗菌效果持久。这种相互吸引的作用不会造成细菌变异而危害人体健康。银离子比抗生素更具优势，病毒、致病菌等不会对它产生耐药性、抗药性，不会因它产生变异品种。因此，在各种抗生素药物逐渐失效的今天，银离子技术几乎成为人类对抗病毒的唯一可靠方法。其次，由于银离子不是药物，所以它不用经过体内代谢，不会产生毒副作用，代谢过程不同使其作用效果减弱。因此，银离子成为目前生物科技产业研究的最新亮点之一。

2. 食用盐杀菌机理

食盐的主要成分是氯化钠，动物和细菌的机体细胞内除了水以外还有其他矿物质，钠离子也是细胞中的一种主要成分。

食盐是可以杀死一部分细菌的，细菌细胞壁相当于一层半透膜，半透膜两侧可以选择性地交换分子或离子，细菌的生存环境中有高浓度的钠离子，高浓度的溶液将产生渗透压，让细菌脱水（细菌机体水分流向食盐溶液），导致细菌失水死亡，从而达到杀菌的目的。不过，也有些细菌可以耐受盐，它们是嗜盐的，比如一些能导致感染、引起血液中毒的葡萄球菌。这些病原体有一个针对盐的警报系统，能借助海绵状的分子防止水分流失，因此用盐杀不死它们。

三、主要仪器和试剂

烧杯（250 mL）、电动搅拌器、电子天平、研磨机、造粒机。
精食盐、氯化银、羟甲基纤维素钠、去离子水。

四、实验内容

1. 配方

实验配方如表 25.1 所示。

表 25.1　实验配方

名　　称	质　量　份
精食盐	1000
氯化银	0.02
羟甲基纤维素钠	200
去离子水	200

2. 配制

按配方将羟甲基纤维素钠添加于温水(去离子水)中,搅拌,溶解后加入精食盐和氯化银,用研磨机充分研磨后,送造粒机造粒。使用时按杀菌剂质量∶水质量＝1∶100 的比例溶解即可。该杀菌剂不仅可用于菜板、菜刀、毛巾、抹布、扫帚、洗涤用海绵等的杀菌消毒,还可用于食品、花卉等的保鲜杀菌。

五、注意事项

初次使用造粒机时,应确保有专业人士从旁指导。

六、思考题

(1) 配方中添加了羟甲基纤维素钠,其作用是什么?

(2) 银属于重金属,在日常生活中却被广泛应用于抑菌消毒,你对"抛开计量论毒性都是不科学的"这句话又有了什么新的认识?

实验 26　木材防腐剂的制备

一、实验目的

（1）掌握木材防腐剂的配方和制作工艺。
（2）了解木材防腐剂中各组分的作用原理。

二、实验原理

1. 主要性质和分类

随着我国经济的发展和人民生活水平的提高，社会对木材的需求量日益增加。木材是天然可再生的生物材料，其开发和利用符合环保要求，但其容易受到微生物等的侵害，这影响了它的使用。木质材料防腐是指用防腐、防虫、防霉、防变色化学药剂对原木、板材或木制品进行常压或加压浸注处理。国内外的研究表明，防腐木材的使用寿命为未防腐木材的 5～6 倍，木材防腐可以节约森林资源，是林产工业的重要组成部分。

对木材进行防腐处理，延长木制品的使用年限，是节约木材、保护森林资源的重要途径之一。目前，我国很少使用经防腐处理过的木材，且大多传统的木材防腐剂对人类和环境危害大。因此，研制和开发新型木材防腐剂是十分必要的。

2. 配制原理

当今世界通用的木材防腐剂主要是铜铬砷（CCA）、铜胺（氨）季铵盐（ACQ）和铜唑（CA）等。其中，CCA 中的砷和铬都是有毒物质，易对人体造成损害，尤其是室内使用时，其对人体的危害更大。在现有技术中，已开始用 ACQ、CA 等高效低毒环保防腐剂替代 CCA，现有技术中的木材防腐剂都含有杀菌防护成分和氨（或胺）类溶剂。为达到溶解铜化物和杀菌的效果，氨（或胺）类溶剂是必不可少的，这样不仅会消耗大量的溶剂，而且因为胺（或氨）类溶剂容易挥发，还会对环境造成污染。另外，溶剂挥发时往往会把防腐剂中的部分组分带出，从而影响防腐剂的固定性能，降低杀菌、杀毒效果。

三、主要仪器和试剂

马弗炉、烘箱、恒温水浴锅、电动搅拌器、温度计（0～100 ℃）、烧杯（100 mL、250 mL）、量筒（10 mL、100 mL）、托盘天平、玻璃棒、布氏漏斗。

硫酸铜溶液、碳酸钠溶液、无水乙醇、蒸馏水、柠檬酸三铵、壳聚糖、醋酸。

四、实验内容

1. 配方

木材防腐剂是由纳米氧化铜、柠檬酸三铵、蒸馏水、壳聚糖和醋酸溶液制成的，其中，纳米氧化铜与柠檬酸三铵的质量比为 1∶0.1～0.5，壳聚糖与纳米氧化铜的质量比为 0.5～1.5∶1，壳聚糖与醋酸的质量比为 $1:0.5\sim1$,蒸馏水的质量与纳米氧化铜和柠檬酸三铵的总质量比为 $19\sim99:1$。

2. 操作步骤

1）纳米氧化铜的制备

向硫酸铜溶液中逐滴滴加碳酸钠溶液,碳酸钠溶液中的碳酸钠与硫酸铜溶液中的铜离子摩尔比为 $1.0\sim1.8:1$,在 $20\sim60\ ^\circ\text{C}$ 条件下搅拌 $20\sim60\ \text{min}$,再静置 $3\ \text{h}$,过滤,过滤后的沉淀物用蒸馏水洗涤 $4\sim6$ 次后再用无水乙醇洗涤 $3\sim5$ 次,然后在 $70\sim90\ ^\circ\text{C}$ 条件下干燥 $3\sim4\ \text{h}$,在马弗炉中以 $350\sim400\ ^\circ\text{C}$ 的条件煅烧 $1\sim2\ \text{h}$,得到纳米氧化铜,所制得的纳米氧化铜的粒径为 $7\sim30\ \text{nm}$。

2）木材防腐剂的制备

将纳米氧化铜与柠檬酸三铵按 $1:0.1\sim0.5$ 的质量比混合,加入蒸馏水,蒸馏水的质量与纳米氧化铜和柠檬酸三铵的总质量比为 $19\sim99:1$,在 $20\sim50\ ^\circ\text{C}$ 下搅拌 $20\sim50\ \text{min}$,得到纳米氧化铜分散液。将壳聚糖加入质量浓度为 $0.5\%\sim1\%$ 的醋酸溶液中,壳聚糖与醋酸的质量比为 $1:0.5\sim1$,然后加入纳米氧化铜分散溶液,其中,壳聚糖与纳米氧化铜的质量比为 $0.5\sim1.5:1$,搅拌,最后得到木材防腐剂。

五、注意事项

使用马弗炉时,注意防范高温。

六、思考题

（1）木材防腐剂配方中,各组分的作用是什么？

（2）请简要概述常用杀菌防霉剂的一些药品类型？

（3）防菌、防霉采用的主要手段有哪些？

实验 27　果蔬保鲜剂的配制

一、实验目的

（1）了解果蔬保鲜剂的配制原理和各组分的作用。

（2）掌握可高效吸附乙烯气体的果蔬保鲜剂的配制方法。

（3）了解果蔬保鲜剂的主要性质和用途。

二、实验原理

1. 主要类型

一般来说，果蔬保鲜剂按作用和使用方法可分为如下八类。

（1）乙烯脱除剂：能抑制呼吸作用，防止果蔬后熟、老化，包括物理吸附剂、氧化分解剂、触媒型脱除剂。

（2）防腐保鲜剂：利用化学或天然抗菌剂防止公菌和其他污染菌滋生、繁殖，防病、防腐、保鲜。

（3）涂被保鲜剂：能抑制果蔬呼吸作用，减少果蔬水分散发，防止微生物入侵，包括蜡膜涂被剂、虫胶涂被剂、油质膜涂被剂、其他涂被剂。

（4）气体发生剂：可用于果蔬催熟、着色、脱涩、防腐，包括二氧化硫发生剂、卤族气体发生剂、乙烯发生剂、乙醇蒸气发生剂。

（5）气体调节剂：能产生气调效果，包括二氧化碳发生剂、脱氧剂、二氧化碳脱除剂。

（6）生理活性调节剂：能调节果蔬的生理活性，包括抑芽丹、苄基腺嘌呤。

（7）湿度调节剂：用于调节湿度，包括蒸汽抑制剂、脱水剂。

（8）其他类保鲜剂：烧明矾等。

2. 配制原理

果蔬保鲜剂通常由杀菌剂、新陈代谢调节剂、抗氧剂、乙烯吸收剂、成膜剂或它们的复配物组成。其中，杀菌剂是最主要的组分。杀菌剂的选择取决于使用条件和被处理的产品（不同产品寄生着不同的微生物），有针对性地选择杀菌剂是十分必要的。目前，多数杀菌剂以喷雾或浸渍的形式应用在植物产品上。表 27.1 列出了常见果蔬选用的杀菌剂品种。

表 27.1　常见果蔬选用的杀菌剂

果　蔬	病害/病原体	选用的杀菌剂
苹果	青霉菌	邻苯基苯酚盐
梨	灭葡萄球菌	噻菌灵
	盘菌	苯菌灵
香蕉	刺盘孢菌	噻菌灵
	镰刀菌	苯菌灵
	长喙壳菌	甲基托布津

续表

果　蔬	病害/病原体	选用的杀菌剂
柑橘	青霉菌	邻苯基苯酚钠
	蒂腐色二孢	噻菌灵
	拟茎点霉	苯菌灵,仲丁胺
葡萄	灰霉菌	二氧化硫
甜瓜	链格孢菌	二甲基二硫代
	瓜枝孢菌	氨基甲酸钠
桃	链核盘菌	氯硝胺
油桃	根霉菌	苯菌灵
凤梨	长喙壳菌	邻苯基苯酚钠
马铃薯	镰刀菌	噻菌灵
	茎点霉	苯菌灵
	卵孢子	仲丁胺
甜马铃薯	长喙壳菌	氯硝胺
	根霉菌	邻苯基苯酚钠
番茄	灰霉菌	啶酰菌胺
	根霉菌	邻苯基苯酚钠
芒果	刺盘孢菌	噻菌灵
番木瓜	松色二孢菌	苯菌灵

除去不同霉菌需要用不同的杀菌剂,例如柑橘易生青霉、绿霉,易产生腐变,不易久藏保鲜。对其使用联苯、苯菌灵和二氯乙酰氯可得到良好的防霉变效果。联苯是低毒杀菌剂,可单独使用,也可与其他杀菌剂混用,其是广泛应用的一种柑橘防腐剂;苯菌灵是苯并咪唑类杀菌剂的一种,用于柑橘防腐,能完全抑制绿霉菌引起的腐烂;2,2-二氯乙酰氯(气相杀菌剂)是一种广谱杀菌剂,其挥发气体能抑制青霉菌、绿霉菌等八大类霉菌的生长和孢子发芽。本实验主要详述能高效吸附乙烯气体的果蔬保鲜剂的配制方法。

三、主要仪器和试剂

烧杯、玻璃棒、聚酯无纺布、微孔聚乙烯薄膜小包装袋、不透气包装袋。
氯化钯、活性炭(椰壳炭,250 目)、硅胶。

四、实验内容

1. 配方
实验配方如表 27.2 所示。

表 27.2　实验配方

名　　称	质　量　份
氯化钯	0.5
活性炭(椰壳炭,250 目)	9.5
硅胶	990.0

2. 配制方法

在不断搅拌下,将氯化钯慢慢加入活性炭,充分搅拌。再加入硅胶,充分混合均匀,封入透气度为 200～250 s/100 mL、厚为 50 μm 的聚酯无纺布和微孔聚乙烯薄膜小包装袋内,再集装于不透气包装袋内,密封。使用时取出透气小包装袋,连同需要保鲜的果蔬一起放入不透气包装袋(或其他不透气容器)中密封即可。

五、注意事项

(1) 在搅拌氯化钯、活性炭和硅胶时要佩戴好实验用防护手套。

(2) 将混合物装入聚酯无纺布和微孔聚乙烯薄膜小包装袋内时,要注意不能装得太满,防止溢出导致效果变差。

六、思考题

(1) 果蔬保鲜剂的配制原则有哪些?

(2) 配方中各组分发挥的作用是什么?

(3) 果蔬保鲜剂有很多种类,也有很多不同的配制方法,除了本实验中提到的配制方法外,请再具体阐述一种其他方法。

实验 28　食品防腐剂富马酸二甲酯(DMF)的合成

一、实验目的

(1) 掌握 DMF 的合成原理及工艺制备流程。
(2) 了解 DMF 作为食品防腐剂的各种性能。

二、实验原理

实验中涉及的反应如下：

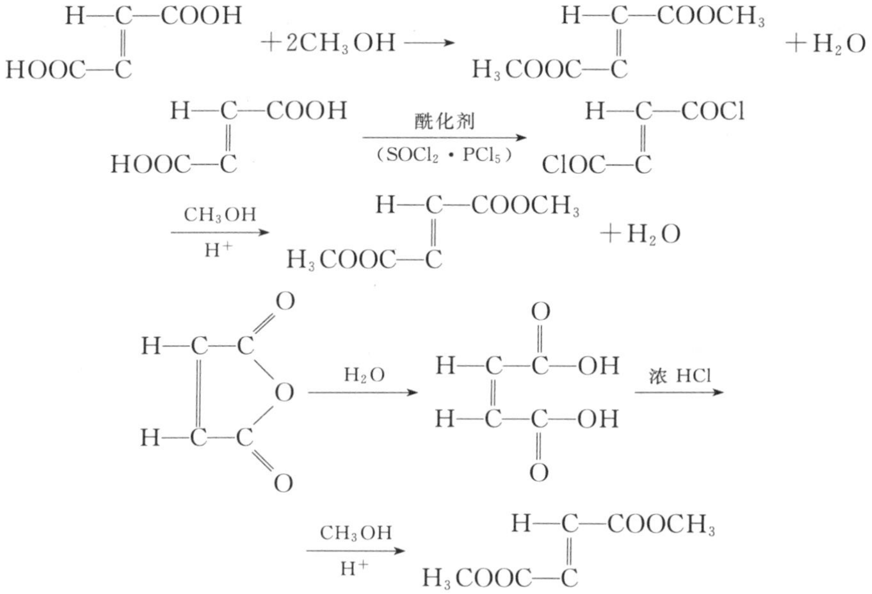

食品中含有大量适于微生物生长和增殖的营养物。微生物的滋长通常是导致食品腐败变质的根本原因。为了防止食品腐败，常使用防腐剂。目前世界上应用的防腐剂有 50 余种，常用的有机防腐剂有苯甲酸钠山梨酸、对羟基苯磺酸酯、丙酸，以及盐类。富马酸二甲酯是被世界卫生组织批准的、公认的新型食品防腐剂。

三、主要仪器和试剂

三口烧瓶、电动搅拌器、温度计、球形冷凝管、滴液漏斗。
富马酸、甲醇、浓硫酸、氢氧化钠溶液。

四、实验内容

取富马酸 7.5 g、浓硫酸 2 mL 作为催化剂，以甲醇为酯化剂及回流介质。

（1）在装有电动搅拌器、温度计及球形冷凝管的 100 mL 三口烧瓶中加入 7.5 g 富马酸、30 mL 甲醇，搅拌，升温至回流，滴加 2 mL 浓硫酸，保持回流状态，反应 6 h。

（2）将仪器改装成蒸馏装置，蒸出大部分甲醇，将剩余溶液趁热倒入 25 mL 冷水中，立即析出大量晶体，用 30％的 NaOH 溶液中和至 pH＝7，冷却，过滤，水洗 2～3 次，干燥，即得 DMF 粗品。

（3）称量，计算收率。

五、注意事项

（1）DMF 溶液具有较强的蒸发性，蒸发在空气中的 DMF 气体可经过呼吸道进入人体，所以实验人员要坚持佩戴防毒口罩，且要经常更换防毒口罩内的活性炭，避免有害气体进入人体。

（2）DMF 溶液和蒸发在空气中的气体都能经过肌肤进入人体，肌肤直接露出面积大，易导致中毒，所以实验人员在操作时应穿好长袖实验服，佩戴好防护手套，以保证自身安全。

六、思考题

（1）酯化反应中，影响产物收率的因素有哪些？

（2）酯化反应中，脱水有利于酯的形成，本实验中，可否采用脱水剂脱水？

（3）在实验过程中如何提高回流效率？

第四章　金属表面的化学处理

实验 29　除锈剂的配制

一、实验目的

(1) 掌握金属除锈剂的配制原理和方法。

(2) 了解金属除锈剂的性质和用途。

(3) 熟悉配制过程中的一些基本操作。

二、实验原理

除锈剂是一种有机酸,其主要由优质表面活性剂、有机酸、促进剂、缓蚀剂和去离子水组成,不含无机酸及其他有毒无机盐,产品性能稳定。它比无机酸(HCl、H_2SO_4、HNO_3)更安全、更有效,可在短时间内除锈。除锈剂可用于除锈、除污染物(积碳)、除氧化物。对经其处理过的金属进行焊接、电镀、喷漆不会有任何不妥。除锈后,金属仍保持原有的色泽,对人体无腐蚀性。

该产品特性如下。适用范围广,可恢复金属原色;可在短时间内除锈、除污染物(积碳)、除氧化物;对母材无损伤,可用于清洗精密部件表面;可采用浸渍、涂刷、喷洒的方法使用,使用简便;对塑胶、橡胶、油漆等材料不会产生影响;不易燃易爆,无异味;不含重金属成分。

适用于清除不锈钢、碳钢、铸铁、铜等金属及其合金的浮锈、锈垢、氧化物、手印和盐。特别适用于不锈钢、不锈铁的除锈。

铁生锈的反应原理如下:

$$Fe+H_2O+CO_2=FeCO_3+H_2\uparrow（或生成\ Fe(HCO_3)_2+H_2）$$
$$4FeCO_3+6H_2O+O_2=4Fe(OH)_3+4CO_2\uparrow$$
$$4Fe(HCO_3)_2+2H_2O+O_2=4Fe(OH)_3+8CO_2\uparrow$$
$$4Fe(OH)_3=2Fe_2O_3\cdot3H_2O+3H_2O$$

三、主要仪器和试剂

移液管(5 mL)、烧杯(250 mL)、量筒(50 mL)、胶头滴管。

硫酸 40 mL、磷酸 19 mL、盐酸 4 mL、乌洛托品 4 g、膨润土 10 g、去离子水 4 mL。

四、实验内容

按配方量将硫酸、磷酸、盐酸、乌洛托品及去离子水混合,搅拌均匀,加入适量膨润土,边加边搅拌成稠糊状,放置 3～4 h 即可。

五、注意事项

(1) 应先对金属表面进行去油、除污,再进行除锈。

(2) 使用时可用毛刷将本剂涂刷到锈蚀的金属表面上,涂抹厚度为 1～2 mm,处理时间视锈蚀程度而定,轻锈放置 1 h 左右即可,重锈要放置 24～30 h,再把涂层除去,然后用抹布或废旧砂纸擦去杂物,最后用清水冲洗干净并加以干燥。

(3) 由于本剂是强酸性除锈剂,涂刷时应防止其与皮肤接触,以免烧伤。

六、思考题

(1) 为什么转化膜表面会出现发黑、发黄的锈转化产物或有白色结晶粉末?

(2) 该产品为什么要放置在阴凉、通风、干燥处?

(3) 产品在超过有效期但符合技术指标要求的情况下,还能使用吗?

实验 30　除锈、除油、磷化三合一防腐液

一、实验目的

（1）了解三合一防腐液的配制原理和方法。

（2）掌握三合一防腐液的作用机理。

二、实验原理

腐蚀是一种由物质与环境作用引起的破坏和变质。腐蚀的结果是金属原子从在金属晶格点阵中转变为离子状态，即形成可溶的金属氧化物、氢氧化物或较复杂的配位化合物。

涉及的主要反应如下：

$$Fe_2O_3 + 6H^+ = 2Fe^{3+} + 3H_2O$$

$$H_3PO_4 \rightleftharpoons H_2PO_4^- + H^+ \rightleftharpoons HPO_4^{2-} + 2H^+ \rightleftharpoons PO_4^{3-} + 3H^+$$

$$Fe + 2H^+ = Fe^{2+} + H_2 \uparrow$$

铁在酸性溶液中反应，生成 Fe^{2+} 等离子，使上述几个反应的平衡右移，从而造成 Fe^{2+}、Fe^{3+}、Zn^{2+} 等离子与 HPO_4^- 与 PO_4^{3-} 的复合盐结晶沉积于金属表面，形成磷化保护膜。

三、主要仪器和试剂

烧杯（250 mL）、电子天平。

磷酸、磷酸二氢锌、有机和无机添加剂、表面活性剂。

四、实验内容

本实验以磷酸和磷酸二氢锌为基质，适量加入有机和无机添加剂、表面活性剂等。为了加快反应速率，应在适当的温度下和一定的时间内完成整个工艺处理过程。

将被腐蚀的钢铁放入特制三合一防腐液中进行浸泡，可使其表面铁锈、油渍完全去除，并获得一层黑灰色的磷酸盐薄膜（磷化膜），磷化膜在大气中有较好的耐蚀性，一些由磷化膜保护的钢铁工件即使与酸、碱等接触也不受腐蚀。在进行喷塑或喷漆等前使制件覆盖一层磷化膜，能使涂膜更加牢固。

五、注意事项

（1）反应温度不宜过高，否则会产生过多酸雾。对于锈蚀过重的材料可提高反应温度，一般以 50 ℃左右为宜。

（2）高碳钢中铁的溶解度大，容易造成过度腐蚀。除了采用缓蚀剂外，还可用具有较低浓度的酸的除油、除锈液进行浸洗。

（3）防腐液中磷酸的浓度一般为 20％～30％。

六、思考题

（1）防腐液中磷酸的浓度为什么一般为 20％～30％？浓度过高或过低会造成什么影响？

（2）若除锈、除油、磷化在同一池中进行，经过一段时间后，池内会存积大量残渣，应怎样处理？

实验 31　铝及铝合金碱性化学抛光液的制作方法

一、实验目的

(1) 掌握铝及铝合金碱性化学抛光液的配制方法和制备工艺。

(2) 了解抛光液中各组分的作用及其配制原理。

二、实验原理

铝及铝合金制品在航空、灯具、光学仪器、首饰等领域中的应用日益广泛。为了提高铝或铝制品表面的平滑度和光洁度，往往需要对其进行抛光处理。目前，铝及铝合金的表面抛光可分为机械抛光、化学抛光和电解抛光。机械抛光劳动强度比较大，电解抛光成本高、设备复杂，而化学抛光适用性强、设备简单、操作方便、投资少、生产成本低。目前，酸性抛光液由于具有优良的抛光性能和较高的稳定性，而在工业生产中应用得相当广泛。但是，酸性抛光液中存在大量的矿酸，在抛光过程中会产生有毒的黄色亚硝酸气体，会造成大气污染。同时，酸性抛光液还应用了大量的磷酸，而磷酸根离子如排放到外界水域中，则会造成相当严重的水污染。随着人们环境保护意识的增强，用碱性抛光液取代酸性抛光液已是当前铝及铝合金制品化学抛光的发展趋势。本文主要讨论了铝及铝合金碱性化学抛光液的组成和抛光工艺的改进，并把该抛光液和抛光工艺应用在上海光明灯具有限公司的铝制灯具的生产中，取得了很好的实际效果，对于某些产品的生产，已用碱性抛光液代替酸性抛光液。

铝及铝合金化学抛光是指将铝及铝合金放在酸性或碱性电解质溶液中进行选择性自溶解，以降低其表面粗糙度的化学加工方法。传统的铝及铝合金化学抛光液具有以下缺点：硝酸分解太快，产生大量黄烟，污染环境，且处理成本昂贵；一段时间后，铝及铝合金易氧化，从而失光。这种抛光方法具有设备简单、不受制件外形尺寸限制、抛光速度高和加工成本低等优点。

三、主要仪器和试剂

烧杯、玻璃棒。

氢氧化钠（工业级）、硝酸钠（工业级）、硅酸钠（工业级）、氟化钠（工业级）、硝酸（工业级）。

四、实验内容

抛光工艺流程为：碱性化学抛光→温水清洗→中和→冷水清洗→干燥→成品。

铝及铝合金经碱性金属经抛光后，应用 50 ℃ 左右的温水清洗，然后在室温下温水浸入 40% 的硝酸溶液中中和 15~30 s，以中和铝及铝合金制品表面的碱性，提高其表面光洁度。

五、注意事项

（1）氢氧化钠浓度较低时，抛光的试件表面不光亮，但损失较少，随着其浓度增加，试件逐渐被腐蚀，故氢氧化钠的浓度应为 350～400 g/L。

（2）硝酸钠浓度、氟化钠浓度分别对抛光效果有何影响？

六、思考题

（1）抛光时间与抛光温度如何影响抛光效果？

（2）碱性化学抛光液的组成成分是如何反应的？

实验 32　金属抛光膏的合成

一、实验目的

（1）学习金属抛光膏的合成方法及具体操作。

（2）掌握金属抛光膏的合成原理及其在生产生活中的应用。

二、实验原理

抛光是指利用机械、化学或电化学作用，使工件表面粗糙度降低，以获得具有光亮、平整表面的工件的加工方法。抛光是一种利用抛光工具、磨料颗粒或其他抛光介质对工件表面进行修饰加工的过程。金属材料表面抛光助剂是金属表面抛光常用的抛光介质，随着工业技术的不断发展，对表面抛光助剂的要求越来越高，金属材料表面加工过程要求所使用的表面抛光助剂不仅具有优异的表面清洁性，还能够高效去除划痕，实现金属材料表面上光，提高材料表面的腐蚀防护性。现有金属抛光助剂主要有酸性抛光液或金属抛光膏。其中，使用酸性抛光液时，使用者要进行防护，要求机械工具有较强的耐蚀性，抛光过程中所产生的废液对环境污染大。使用金属抛光膏时，不需要相适应的机械工具，其也不存在产生污染环境的废液的问题，因此，金属抛光膏得到了广泛关注。

用传统金属抛光膏对金属表面进行抛光时，抛光速度很慢，鉴于此，本实验提供了一种新的金属抛光膏，可明显缩短抛光时长。

三、主要仪器和试剂

烧杯、量筒、玻璃棒。

乳化剂（烷基酚和环氧乙烷的二元缩合物，烷基酚和环氧乙烷的摩尔比为 7∶3）、酸性 pH 值调节剂（柠檬酸、草酸和十二烷基苯磺酸中的一种或多种）、第一份椰油二乙醇酰胺（由摩尔比为 1∶1 的椰子油和二乙醇胺缩合得到）、第二份椰油二乙醇酰胺（由摩尔比为 1∶1.5 的椰子油和二乙醇胺缩合得到）、烷基硫酸钠（十二烷基硫酸钠/十四烷基硫酸钠）、脂肪醇聚氧乙烯醚硫酸钠、乙二醇二硬脂酸酯、饱和脂肪酸、氢氧化钠。

四、实验内容

（1）将第一份超纯水、第一份烷基硫酸钠、脂肪醇聚氧乙烯醚硫酸钠和乙二醇二硬脂酸酯混合，再与第一份椰油二乙醇酰胺混合，加入第一份酸性 pH 值调节剂，得到第一份混合物。

（2）将第二份超纯水、第二份烷基硫酸钠和饱和脂肪酸混合，得到第二份混合物。

（3）将余量超纯水、十二烷基苯磺酸和氢氧化钠混合，再与余量烷基硫酸钠、第二份椰油二乙醇酰胺混合，得到第三份混合物。

（4）将第一份混合物、第二份混合物和第三份混合物混合后，加入乳化剂和第二份酸性

pH 值调节剂,得到金属抛光膏。

第一份超纯水和第二份超纯水的质量比为 20～25：4～6；第一份烷基硫酸钠和第二份烷基硫酸钠的质量比为 2～4：1～2；第一份椰油二乙醇酰胺和第二份椰油二乙醇酰胺的质量比为 1～3：12～15；第一份酸性 pH 值调节剂和第二份酸性 pH 值调节剂的质量比为 0.1～0.2：4～6。步骤(1)中第一份超纯水、第一份烷基硫酸钠、脂肪醇聚氧乙烯醚硫酸钠和乙二醇二硬脂酸酯的混合温度为 75～85 ℃；步骤(1)中第一份椰油二乙醇酰胺加入后的混合温度为 86～90 ℃,混合时间为 1～2 h。步骤(2)中第二份超纯水、第二份烷基硫酸钠和饱和脂肪酸的混合温度为 80～85 ℃,混合的时间为 30～45 min。步骤(4)中第一份混合物、第二份混合物和第三份混合物的混合时间为 1～2 h；步骤(4)中第二份酸性 pH 值调节剂加入后的混合时间为 1～2 h。

五、注意事项

(1) 在本实验中,各组分协调配合,可提高金属抛光膏的抛光效率,缩短抛光时间。

(2) 金属抛光膏的酸度不可过高,否则会造成抛光金属表面的腐蚀。乳化剂与金属抛光膏中的其他组分协调配合,还能发挥乳化、润湿、扩散和清洗的作用。十二烷基苯磺酸具有乳化、除油、抛光、增亮的作用,可提高金属抛光膏对金属表面氧化物的清洗能力。

(3) 利用酸性 pH 值调节剂与金属离子的配位作用,可提高抛光膏对抛光金属表面氧化物的溶解效率,高效去除金属表面氧化物和金属粉末污物。

六、思考题

(1) 抛光膏对金属表面有一定腐蚀性和极好的润滑性,且能使得研磨抛光时间减少,为什么?

(2) 以锌合金箱包扣和皮带扣为例,简述粗磨去毛刺有何优势。

实验 33　防锈剂的配制

一、实验目的

（1）掌握防锈剂的配制原理和方法。

（2）了解防锈剂的性质和用途。

（3）熟悉配制过程中的一些基本操作。

二、实验原理

金属是现代社会生活与工业生产不可缺少的材料，大多数金属及其制品经过加工后，热力学稳定性变差，受到环境中水分或污染物的影响，较易发生金属腐蚀。有些工艺中需要对金属材料的中间品进行短期防锈，采用水溶性的防锈剂往往是常用的方法。

将防锈液与水按需求以适合的比例混合，使其均匀地附着于金属表面，待水分自然蒸发后，金属表面即形成一层致密的保护膜，既保证了金属表面的平整、光滑，又可稳定金属表面的酸度，降低含氧量，起到防锈的作用。

水溶性防锈剂常被用于金属的短期防腐，实验以硼酸、浓氨水、氢氧化钠、六亚甲基四胺、乳化剂（OP-10）为主要原料制备一种水溶性无机盐型的金属短期防锈剂，可用于金属材料的防锈处理。防锈剂可与水以任意比例混合，工艺简单，可随时配制使用，且产品清洗方便，可反复使用。实验考查了所选原料用量与反应条件对防锈效果的影响，并在单因素实验的基础上设计正交实验，确定防锈剂制备的最优条件。用中性盐雾测试来检测防锈剂的防锈性能，防锈时间可达 24 h。

铁生锈的反应原理如下：

$$Fe+H_2O+CO_2 = FeCO_3+H_2 \uparrow （或生成 Fe(HCO_3)_2+H_2）$$
$$4FeCO_3+6H_2O+O_2 = 4Fe(OH)_3+4CO_2 \uparrow$$
$$4Fe(HCO_3)_2+2H_2O+O_2 = 4Fe(OH)_3+8CO_2 \uparrow$$
$$4Fe(OH)_3 = 2Fe_2O_3 \cdot 3H_2O+3H_2O$$

三、主要仪器和试剂

恒温电动磁力搅拌器、鼓风干燥箱、酸度计、分析天平、盐雾测试检测仪器、三口烧瓶、抽滤装置、冷凝装置、防腐表面皿。

硼酸、浓氨水（25%）、氢氧化钠、六亚甲基四胺、乳化剂（OP-10）、去离子水。

四、实验内容

实验将 A、B、C 三种组分混合，A 组分以硼酸、浓氨水和 NaOH 为原料混合得到，B 组分为六亚甲基四胺，C 组分为乳化剂（OP-10）。具体步骤如下。

（1）量取一定质量比的硼酸和浓氨水放入三口烧瓶中，在恒温电动磁力搅拌器的作用下，冷凝回流加热至 80 ℃，再将 NaOH 分几次加入，逐份溶解，恒温加热 40 min，可得到 A 组分溶液。将此混合液自然冷却至室温，烘干后可得到粉末状晶体 A。

（2）准确称取一定质量比的 A、B、C 三组分，将它们依次加入事先装有一定质量去离子水的反应器内，搅拌加热至 50 ℃，即可制得乳白色防锈液。

五、注意事项

（1）使用防锈剂前应先对金属表面去油、除污。

（2）使用时要控制试剂的量，否则会影响防锈效果。

（3）反应温度为 80 ℃时，混合效果最好，防锈时间最长。

六、思考题

（1）综合分析影响该防锈剂效果的主要因素。

（2）该防锈剂应如何保存？

实验 34　　金属缓蚀剂的配制

一、实验目的

（1）了解金属缓蚀剂的配制原理和方法。
（2）掌握金属缓蚀剂的作用机理。

二、实验原理

金属防腐的方法有很多，如覆盖层保护、电化学保护及添加缓蚀剂等。与其他方法相比，添加缓蚀剂是一种工艺简便、成本低廉、效果显著的防腐蚀方法，该方法被广泛应用于石油开采、化学清洗、水处理和金属制品储运等工程中。

缓蚀剂的种类繁多，常见的有咪唑啉类、曼尼希碱类、季铵盐类、炔醇类、吡啶类、席夫碱类等。席夫碱主要指含有亚胺或甲亚胺特性基团（—RC＝N—）的一类有机化合物，可分为缩胺类席夫碱、缩氨基脲类席夫碱、腙类席夫碱、喹啉类席夫碱、氨基酸类席夫碱、胍类席夫碱等。目前，席夫碱类化合物及其金属配合物被广泛应用在医学领域、催化领域、分析领域、腐蚀领域、光致变色领域等。其中，席夫碱缓蚀剂具有合成步骤简单、成本低廉、缓腐蚀效果好、绿色环保等优点，其已成为腐蚀领域的一个研究热点，被广泛应用于生产行业，并取得了显著效果。造成 Fe^{2+}、Fe^{3+}、Zn^{2+} 等离子与 HPO_4^-、PO_4^{3-} 的复合盐结晶沉积于金属表面，形成磷化保护膜。

三、主要仪器和试剂

回流装置、酒精灯、烧杯。
胺、活性羰基、盐酸、无水乙醇、甲醇、冰醋酸。

四、实验内容

席夫碱通常是由胺（或氨）和活性羰基缩合而成的。传统合成方法是，在酸的催化下，在有机溶剂（通常采用无水乙醇、甲醇、冰醋酸等）中加热回流，进行胺和醛的缩合反应。在反应过程中可能会发生重排、互变异构等现象。席夫碱的产率受到多种因素的影响，如原料的摩尔比、反应温度、反应时间，以及反应环境的 pH 值等。

在冰浴条件下，缩合反应表现出较高的反应活性，产物收率较高，后处理简单。

五、注意事项

（1）在芳香环上有较多羟基基团的席夫碱的水溶性要相对好一些。双席夫碱、三氮唑席夫碱等具有大的共轭体系及更多个活性位点，理论上能够更加有效地吸附在金属表面上，可能具有更好的缓腐蚀性能。

（2）席夫碱缓蚀剂应用在碳钢、铜等金属上的研究较多,而应用在价值较高的铁、铝及合金上的研究较少。

（3）席夫碱类缓蚀剂的使用浓度偏高,其在高温下易分解,在合成过程中应注意操作的安全性。

六、思考题

（1）要想合成新型的、多功能的、高效的缓蚀剂,应考虑哪些问题?

（2）如何减少缓蚀剂制备及使用过程中对环境的不良影响?

实验 35　新型金属表面抛光剂

一、实验目的

(1) 掌握金属表面抛光剂的配制方法和制备工艺。

(2) 了解金属表面抛光剂中各组分的作用及其配制原理。

二、实验原理

许多金属零部件都需要具有一定的光亮度,抛光处理是零部件加工的重要一环。在抛光处理过程中,常添加抛光剂以提高工件的光亮度,同时可清洁金属表面。传统使用的膏状抛光剂(抛光膏)有施工不方便、残留多等缺点。故仍需一种可让金属具有高的光亮度、价格适宜的新型金属表面抛光剂。

金属表面具有一定的"活性",表现在表面张力、光学特性及各种机械性能方面。在抛光过程中,随着工件与磨料进行相对高速运动,其表面凸起的部分被削平,表面趋于平滑,光亮度提高。抛光剂中的表面活性剂分子向金属内渗透,可加速以上过程。另外,表面活性剂兼有清洗油污的作用。实验表明,单一的表面活性剂的效果并不理想。

本实验将脂肪醇聚氧乙烯醚硫酸钠(AES)、烷基酚聚氧乙烯醚(TX-10)、十二烷基甜菜碱(BS-12)等多种表面活性剂复配使用,效果较好。本抛光剂中含有螯合剂成分,能迅速除去金属表面的锈蚀物质。加入光亮剂,可以提高金属表面的光亮度。为减少对环境的污染,本实验减少有机溶剂的用量,主要以水为溶剂制成水包油型液体抛光剂。

三、主要仪器和试剂

恒温水浴锅、电动搅拌器、托盘天平。

脂肪醇聚氧乙烯醚硫酸钠(AES)、磺酸、烷基酚聚氧乙烯醚(TX-10)、十二烷基甜菜碱(BS-12)、乳化剂(OP-10)、二甘醇丁醚、苯甲醇。

四、实验内容

将定量的水加热到 40 ℃,依次加入表面活性剂成分,搅拌,直至完全溶解。加入有机溶剂,高速搅拌,直至完全乳化分散。加入助剂,搅拌,溶解即可。

五、注意事项

(1) 表面粗糙度越小,光洁度越高,反之亦然。

(2) 将抛光剂加水配成一定浓度的水溶液,与选用的磨料混合加入料桶中,再将要加工的工件放入料桶中,密封后放入转鼓内,固定后开启抛光机可进行产品性能测试。

六、思考题

（1）如何达到所要求的表面粗糙度？

（2）定量测定抛光后的工件的表面粗糙度的方法有哪些？

实验 36　　常温环保型金属除油剂

一、实验目的

（1）学习金属除油剂的合成方法及具体操作。
（2）掌握金属除油剂的合成原理及其在生产生活中的应用。

二、实验原理

　　金属制品表面除油是表面处理的第一道工序。除油工作不仅会影响下一步工序的操作，还会影响整个产品的质量和寿命。传统的碱液除油法需在 80～90 ℃的温度下完成。随着表面活性剂工业的发展，以表面活性剂为主的除油溶液的使用温度可为中温或常温。但这些表面活性剂多采用 APEO（烷基酚聚氧乙烯醚类化合物，包括 NP、OP、DP、DNP）和其他含氮、含苯环化合物，不易降解，会带来严重的环境问题。而且 APEO 毒性大，具有类似雌性激素的作用，各国正逐渐限制或禁止使用 APEO 产品。因此，开发环境友好型、可生物降解的高效金属除油剂成了当前的研究热点。本文选择可生物降解的表面活性剂，通过合理复配，得到了一种环境友好型常温除油剂。该除油剂不但绿色环保，而且除油率高。

三、主要仪器和试剂

　　烧杯、玻璃棒、托盘天平。
　　氢氧化钠（1 g/L）、柠檬酸钠（1～5 g/L）、偏硅酸钠（4～9 g/L）、异构醇聚氧乙烯醚（2～6 g/L）、长链羧酸酯聚氧乙烯（LMEO，0.4～1.6 g/L）。

四、实验内容

　　将上述药品简单混合即可得到除油剂。
　　除油率的测定方法如下。
　　（1）取平整不锈钢片，规格为 20 mm×40 mm×1 mm，放在市售碱性除油剂中，60 ℃除油 10 min，取出，用自来水冲洗干净后再用蒸馏水淋洗，热风吹干，冷却，称重，记为 m_0（试片的质量）。
　　（2）在钢片表面滴 2 滴机油，用玻璃棒均匀铺开，悬放在小烧杯上称重，记为 m_1（试片和油污的质量）。
　　（3）将涂了油的钢片悬放在 30 ℃的自制除油剂中除油，10 min 后取出，用自来水冲洗干净后再用蒸馏水淋洗，热风吹干，冷却，称重，记为 m_2（试片和残留油污的质量）。
　　（4）计算除油率 w 为

$$w=(m_1-m_2)/(m_1-m_0)\times100\%$$

五、注意事项

（1）氢氧化钠对油脂的皂化能力强，可通过皂化反应把油脂中的动植物油分解成易溶于水的脂肪酸盐和甘油，使其从金属表面除去。

（2）柠檬酸钠在除油剂中用作助洗剂和配位剂，它对油脂具有一定的分散能力，可与偏硅酸钠配合使用，以增强表面活性剂的综合性能，提高表面活性剂的除油能力。

（3）偏硅酸钠具有良好的润湿性和乳化性，可使油污不凝聚成片，且对铝、锌、锡等金属有一定的缓腐蚀作用，它在除油剂中用作助洗剂和缓蚀剂。

六、思考题

（1）如何进行工艺配方的优化？

（2）耐久力是衡量除油剂性能的一个重要指标，如何衡量？

实验 37　防锈乳化油

一、实验目的

（1）学习防锈乳化油的合成方法及具体操作。
（2）掌握防锈乳化油的合成原理及其在生产生活中的应用。

二、实验原理

　　黑色金属在存储及加工过程中会腐蚀是该类材料长久存在的问题之一。在通风条件较差或无遮盖物的露天条件下，外界的高温高湿易导致黑色金属板材的表面腐蚀，从而给工序间防锈和下游加工工作带来不便。此外，作为钢结构的主要连接方式，焊接所带来的残余应力和腐蚀环境共同作用极易使焊缝处产生裂纹。因此，应用于金属材料表面的防锈乳化油的研发一直是相关领域的关注热点。

　　防锈乳化油是由基础油、防锈剂、乳化剂等多种功能添加剂组合而成的，其广泛应用于金属加工行业，可用于磨削、车削、铣削等一般负荷的加工，具有良好的润滑性、防锈性、冷却性和清洗性，是目前应用最为广泛的金属加工业产品之一。

　　传统防锈乳化油多含环烷酸盐、壬基酚等环境限制类添加剂，会对环境及人体造成威胁。本文优选各类环保添加剂，通过复配防锈剂、乳化剂、杀菌剂等功能添加剂，研制出了一款具有良好润滑性、防锈性的环保改进型防锈乳化油。

三、主要仪器和试剂

　　烧杯、玻璃棒、托盘天平、反应釜。
　　N15 机械油、三乙醇胺、复合乳化剂、复合防锈剂、乙二胺四乙酸二钠、硼酸、氢氧化钠。

四、实验内容

　　以厚 2 mm 的 Q500 热轧钢板经高频感应焊处理所得的方形焊管为研究对象，根据实验需求对焊管试样进行裁切，随后用酒精反复擦拭，得到高清洁度的表面待用。

　　防锈乳化油的合成过程为：将 N15 机械油、硼酸和 NaOH 置于反应釜中，加热至 90 ℃并搅拌 15 min，再加入三乙醇胺，保持温度不变，搅拌 2～3 h，待反应物透明后加入复合乳化剂并继续搅拌 20 min，随后降温至 80 ℃，缓慢加入复合防锈剂，控制每分钟加料 1 g 左右，搅拌至完全溶解为均相体系，随即加入乙二胺四乙酸二钠（螯合剂），搅拌 30 min 后得到防锈液。按 m（自来水质量）：m（防锈液质量）＝9：1 将防锈液稀释至 1000 g，搅拌均匀即得防锈乳化油。

五、注意事项

（1）防锈液的最佳配比为 m_1（N15 机械油质量）：m_2（硼酸质量）：m_3（三乙醇胺质量）：m_4（NaOH 质量）：m_5（复合乳化剂质量）：m_6（复合防锈剂质量）：m_7（螯合剂质量）＝7.1：0.4：0.3：0.1：0.5：0.5：1.1。

（2）简单涂覆防锈乳化油即可为焊管表面及焊缝处提供良好的耐蚀保护。

六、思考题

（1）如何削弱腐蚀介质对热轧焊管母材及焊管的侵蚀？
（2）简述防锈乳化油的合成原理。

第五章 胶黏剂与涂料

实验 38 酚醛树脂胶黏剂的合成及黏接性能测试

一、实验目的

（1）了解酚醛树脂胶黏剂的配制原理和性能测试方法。

（2）掌握酚醛树脂胶黏剂的制备工艺。

（3）以苯酚和甲醛为原料，综合酚醛树脂胶黏剂的合成机理，设计热固性酚醛树脂胶黏剂的合成方法、在线检测方法及黏接性能测试方法。

二、实验原理

（1）在碱性催化剂的作用下生成热固性甲阶酚醛树脂。一般情况下，酚醛比小于1，即甲醛过量。

机理如下：

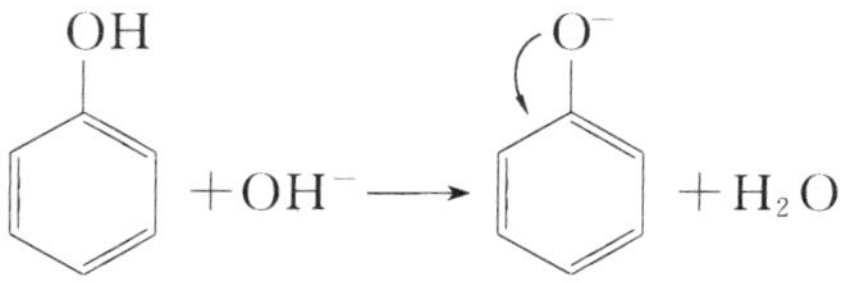

碱使苯酚邻对位活性增加，在碱性情况下优先发生的是甲醛对苯酚的加成反应（快反应）。而缩聚反应则较加成反应慢得多，因此，碱性条件下可生成多羟甲基酚：

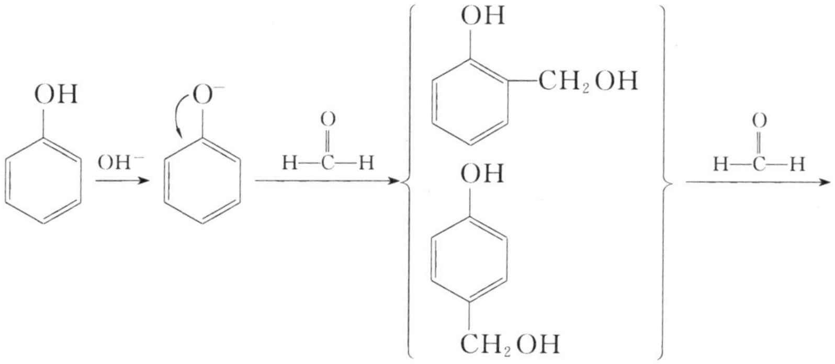

一羟甲基酚

二羟甲基酚　　　　　　　　　　　　　　　三羟甲基酚

加成反应后就开始缩聚反应(慢反应)。随着缩聚反应的继续进行,出现更为复杂的产物。控制一定的反应时间使反应主要生产出线型的甲阶酚醛树脂。

不同于热塑性酚醛树脂,甲阶酚醛树脂中还含有大量的羟甲基,在加热时,不用加入固化剂就可以进一步缩聚成不溶不熔的体型结构树脂(丙阶树脂):

一羟甲基酚　　　　　　　　二羟甲基酚　　　　　　　　三羟甲基酚

(2) 酸性条件有利于缩合反应,当酚醛比大于1时,由于甲醛和苯酚加成反应的速度远低

于随后的羟甲基酚进一步缩合的速度,因此在酸性条件下得不到含羟甲基的热固性树脂,只能得到热塑性树脂:

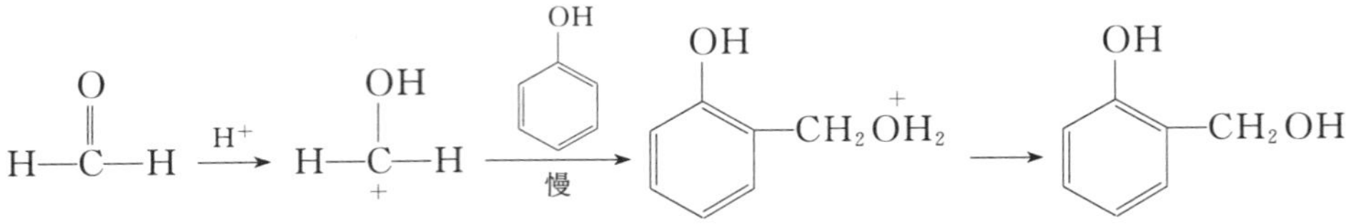

三、主要仪器和试剂

电动搅拌器、球形冷凝管、四口烧瓶、滴液漏斗、恒温水浴锅、温度计、烧杯、量筒、托盘天平。

苯酚(100%)、甲醛(37%)、NaOH(30%)、水。

四、实验内容

本实验中的酚醛树脂是苯酚与甲醛在氢氧化钠催化剂的作用下缩聚而成的热固性酚醛树脂。对应的胶黏剂供生产耐水胶合板、纤维板等(若作耐水胶合板用胶,则涂胶的单板需在低温下干燥,然后再热压,该树脂渗透力较强,成膜速度较慢)。配方中苯酚与甲醛的摩尔比为1:1.5。

(1)将熔化的苯酚放入反应器内,搅拌,加入氢氧化钠和水,在40~45 ℃下保温 20 min。

(2)加第 1 次甲醛,在 40~50 ℃下保温 30 min。

(3)在 70 min 内,由 50 ℃升至 87 ℃(平均 1 min 升 0.5 ℃)。

(4)在 24 min 内,由 87 ℃升至 95 ℃(平均 1 min 升 0.3 ℃)。

(5)在 95~96 ℃下保温 18~20 min。

(6)在 24 min 内冷却至 82 ℃。

(7)加第 2 次甲醛,在 82℃下保温 13 min。

(8)在 30 min 内,由 82 ℃升至 92 ℃,并在 92~96 ℃下继续反应 20~60 min,当黏度达到要求后,立即冷却至 40 ℃以下,放料。

树脂的质量指标如下。①外观:红棕色透明黏稠液体;②固体含量:45%~50%;③游离酚含量:小于 2.5%;④可被溴化物含量:大于 12%;⑤黏度:0.5~1.0 Pa·s(20 ℃)。

五、思考题

(1)酸催化酚醛树脂合成的原理是什么?

(2)酚醛树脂的固化原理是什么?

(3)酚醛树脂的主要用途有哪些?

实验 39　聚醋酸乙烯乳液的合成

一、实验目的

（1）了解自由基型加聚反应的原理。

（2）掌握聚醋酸乙烯乳液的合成原理和方法。

二、实验原理

1. 主要性质和用途

聚醋酸乙烯（polyvinyl acetate，PVAC）乳液别名白乳胶，化学式为

$$\begin{matrix} \left[CH_2-CH \right]_n \\ | \\ O-C-CH_3 \\ \| \\ O \end{matrix}$$

本品为乳白色黏稠浓厚液体，具有优良的黏接能力，可在 5～40 ℃的温度范围内使用，具有良好的成膜性，且无毒、无臭、无腐蚀性，但耐水性差。

本品主要用于木材、纸张、纺织等材料的黏接，以及掺入水泥中提高水泥强度。本品也用作醋酸乙烯乳胶涂料的制备。

2. 合成原理

醋酸乙烯很容易聚合，也很容易与其他单体共聚。可以用本体聚合或乳液聚合等方法聚合成各种不同的聚合体。

醋酸乙烯单体的聚合反应是自由基型加聚反应，属于连锁聚合反应，整个过程包括链引发、链增长和链终止三个基元反应。

链引发反应就是不断产生单体自由基的过程。常用的引发剂，如过氧化合物和偶氮化合物，它们在一定温度下能分解生成初级自由基，它与单体加成产生单体自由基，其反应式为

$$R-R \longrightarrow 2R\cdot$$

$$R\cdot + \begin{matrix} HC=CH_2 \\ | \\ X \end{matrix} \longrightarrow \begin{matrix} \overset{\cdot}{RCH_2-CH} \\ | \\ X \end{matrix}$$

链增长反应就是极为活泼的单体自由基不断迅速地与单体分子加成，生成大分子自由基的过程。链增长反应的活化能低，故反应速度极快，其反应式为

$$\begin{matrix} \overset{\cdot}{R-CH_2-CH} \\ | \\ X \end{matrix} + \begin{matrix} CH_2=CH \\ | \\ X \end{matrix} \longrightarrow \begin{matrix} \overset{\cdot}{R-CH_2-CH-CH_2-CH} \\ | \qquad\quad | \\ X \qquad\quad X \end{matrix} \longrightarrow \cdots\cdots \longrightarrow$$

$$\begin{matrix} \overset{\cdot}{R-CH_2-CH \left[CH_2-CH \right]_n CH_2-CH} \\ | \qquad\quad | \qquad\qquad | \\ X \qquad\quad X \qquad\qquad X \end{matrix}$$

链终止反应是两个自由基相遇时，活泼的单电子相结合而使链终止的反应。链终止反应

有两种方式。

（1）偶合终止：

$$\sim\sim CH_2-\overset{\cdot}{C}H + \overset{\cdot}{C}H-CH_2\sim\sim \longrightarrow \sim\sim CH_2-CH-CH-CH_2\sim\sim$$
$$\underset{X}{|}\quad\underset{X}{|}\qquad\qquad\qquad\qquad\underset{X}{|}\quad\underset{X}{|}$$

（2）歧化终止：

$$\sim\sim CH_2-\overset{\cdot}{C}H + \overset{\cdot}{C}H-CH_2\sim\sim \longrightarrow \sim\sim CH_2-CH_2 + CH=CH\sim\sim$$
$$\underset{X}{|}\quad\underset{X}{|}\qquad\qquad\qquad\qquad\underset{X}{|}\qquad\underset{X}{|}$$

通常本体聚合、溶液聚合和悬浮聚合都以过氧化苯甲酰和偶氮二异丁腈为引发剂，而乳液聚合则都用水溶性的引发剂，如过硫酸盐和过氧化氢等。悬浮聚合和乳液聚合都是在水介质中聚合成醋酸乙烯的分散体，但两者之间有明显的区别。

悬浮聚合一般用来生产相对分子质量较高的聚醋酸乙烯，以少量聚乙烯醇为分散剂，用过氧化苯甲酰等能溶解于单体的引发剂，聚合反应是在分散的单体的液滴中进行的，一般制得直径为 0.2～1.0 mm 的聚合物珠体，因此也称之为珠状聚合。

乳液聚合是指借助于乳化剂把单体分散在介质中进行聚合的过程，过程中使用水溶性引发剂。乳化剂以阴离子型和非离子型表面活性剂为主，阴离子型表面活性剂有 SDS、LAS 等，用量为单体质量分数的 0.5%～2%，制得的乳液黏度较低，与盐混合时稳定性差。非离子型表面活性剂（如环氧乙烷的各种烷基醚或缩醛）的用量较多，一般为单体质量分数的 1%～5%，制得的乳液黏度大，与盐类、颜料等的配合稳定性好。乳液聚合也可以在保护胶体的作用下进行，一般以聚乙烯醇作为保护胶体。保护胶体还有提高乳液稳定性和调节乳液黏度的作用。

三、主要仪器和试剂

四口烧瓶（250 mL）、球形冷凝管、滴液漏斗（60 mL）、温度计（0～100 ℃）、量筒（100 mL）、玻璃棒、烧杯（200 mL）、电热套、电动搅拌器。

醋酸乙烯单体、聚乙烯醇（1799）、乳化剂（OP-10）、邻苯二甲酸二丁酯、过硫酸钾、碳酸氢钠。

四、实验内容

1. 实验配方
实验配方如表 39.1 所示。

表 39.1　实验配方

名　　称	质量/g
醋酸乙烯单体	46
聚乙烯醇	2.5
乳化剂	0.5

续表

名　　称	质量/g
邻苯二甲酸二丁酯	5
蒸馏水	45.76
过硫酸钾	0.09
碳酸氢钠	0.15

2. 制备工艺

将聚乙烯醇与蒸馏水加入四口烧瓶中加热至 90 ℃，搅拌 1 h 左右溶解完全。加乳化剂搅拌，溶解均匀。之后加入醋酸乙烯单体质量的 20%与过硫酸钾质量的 40%，加热升温。当温度升至 60～65 ℃时停止加热。通常在 66 ℃时开始共沸回流，待温度升至 80～83 ℃且回流减少时，开始以每小时加入总量 20%左右的速度连续加入醋酸乙烯单体，控制在 3～4 h 将单体加完。控制反应温度在 78～82 ℃，每小时加入过硫酸钾质量分数的 15%～20%。将体系温度升至 90～95 ℃，保温 30 min。将温度冷至 50 ℃以下，加入质量分数为 10%的碳酸氢钠水溶液，调整 pH＝6，再加入邻苯二甲酸二丁酯，搅拌 30 min，冷却即为成品。

五、注意事项

（1）聚乙烯醇溶解速度较慢，必须确保其溶解完全，并保持原来的体积。如使用工业聚乙烯醇，可能会有少量皮屑状不溶物悬浮于溶液中，可用粗孔铜丝网过滤除去。

（2）滴加单体的速度要均匀，防止加料太快发生爆聚、冲料等事故。过硫酸钾水溶液较少，注意均匀、按比例地与单体同时加完。

（3）搅拌速度要适当，升温不能过快。

（4）醋酸乙烯单体必须是新精馏过的，醛类和酸类有显著的阻聚作用，聚合物的相对分子质量不易增大，会使聚合反应复杂化。

（5）乳液聚合过程使用水溶性引发剂，如过硫酸盐和过氧化氢，本实验用过硫酸钾，使用时将其溶解成质量分数为 10%的水溶液。

（6）聚乙烯醇是聚醋酸乙烯乳液聚合中最常用的乳化剂，其能降低单体和水的表面张力，提高单体在水中的溶解度。

（7）在按上述配方操作时，在开始反应时加入过硫酸盐作为引发剂，由于在聚合反应过程中采用缓慢连续加入单体的方式，因此反应温度可在一段时间内保持在 80 ℃左右，不需要加热或冷却。反应继续进行，需补加少量过硫酸钾，以维持反应温度。经过反复实验，就能在不同的设备条件下摸索出最适宜的加单体的速度、回流大小、每小时补加过硫酸钾的数量等操作控制条件，使反应温度稳定在 78～82 ℃，使聚合反应能平稳地进行。因此，在实际操作过程中需要很好地控制热量平衡。操作时如果反应剧烈，温度上升很快，则应少加或不加过硫酸钾，并适当增大单体的加入速度。如温度偏低，则就要稍微多加些过硫酸钾，并适当减小单体的加入速度。反应时如果回流很小，可以增大单体的加入速度，反之就要适当减小单体的加入速度，甚至暂时停止加入，待回流正常后再继续加入单体。

单体加完后需加入较大量的引发剂，使温度升至 90～95 ℃，并保温 30 min，目的是要尽可能地减小最后未反应的单体量，这对乳液的稳定性和乳胶的质量是有利的。游离单体在存放过程中会水解而产生醋酸和乙醛,使乳液的 pH 值降低,影响乳液和乳胶的稳定性。采取在 9×10^4 Pa 真空下抽 $1 \sim 2$ h 的方法,能使残余单体的质量分数减至 1% 以下。

　　也可将乳化剂水溶液先和单体一起搅拌乳化,再加入引发剂引发聚合,但在诱导期后,反应会十分激烈,要做成质量好的乳液十分困难。因此,可以先将乳化好的乳液的一部分放在反应器内,加入部分引发剂引发聚合,然后再缓慢连续加入乳化好的乳化液,并定时补加一定量的引发剂。

六、思考题

　　(1) 醋酸乙烯单体的聚合是什么反应?

　　(2) 为什么醋酸乙烯单体必须是新精馏过的?

　　(3) 本实验采用什么引发剂? 为什么要分期加入引发剂?

　　(4) 聚乙烯醇在聚醋酸乙烯乳液聚合反应中起什么作用?

实验 40　聚醋酸乙烯酯乳胶涂料的配制

一、实验目的

（1）了解涂料的基本知识，学习涂料的成膜机理及涂料中固体颜料的分散方法。
（2）了解乳胶涂料的特点，掌握乳胶涂料的配制方法和实验技术。

二、实验原理

1. 主要性能和用途

聚醋酸乙烯酯乳胶涂料为乳白色黏稠液体，可加入各种色浆配成不同颜色的涂料，主要用于建筑物的内外墙涂饰。该涂料以水为溶剂，所以具有安全无毒、施工方便的特点，易用于喷涂、刷涂和滚涂，干燥快、保色性好、透气性好，但光泽较差。

2. 配制原理

聚醋酸乙烯酯乳液的合成原理在实验 39 中已叙述，这里不再重复。

传统涂料（油漆）都要使用易挥发的有机溶剂，例如汽油、甲苯、二甲苯、酯、酮等，以帮助形成漆膜。这不仅浪费资源，污染环境，而且给生产和施工场所带来危险性，如易引发火灾和爆炸。而乳胶涂料的出现是涂料工业的重大革新，它以水为分散介质，克服了使用有机溶剂的许多缺点，因而得到了迅速发展。目前乳胶涂料广泛用作建筑涂料，并已进入工业涂装的领域。

通过乳液聚合得到聚合物乳液，其中，聚合物以微胶粒的状态分散在水中。当涂刷在物体表面时，随着水分的挥发，微胶粒互相挤压形成连续而干燥的涂膜，这是乳胶涂料的成膜基础。另外，还要配入颜料、填料及各种助剂，如成膜助剂、颜料分散剂、增稠剂、消泡剂等，经高速搅拌制成乳胶涂料。

三、主要仪器和试剂

高速均质搅拌机、砂磨机、搪瓷杯或塑料杯、调漆刀、漆刷、石棉水泥样板。
六偏磷酸钠、丙二醇、钛白粉、滑石粉、碳酸钙、磷酸三丁酯、聚醋酸乙烯酯乳液。

四、实验内容

（1）涂料的配制。把 20 g 去离子水、5 g 质量分数为 10% 的六偏磷酸钠水溶液及 2.5 g 丙二醇加入搪瓷杯中，开动高速均质搅拌机，依次缓慢加入 18 g 钛白粉、8 g 滑石粉和 6 g 碳酸钙，搅拌均匀后加入 0.3 g 磷酸三丁酯，继续快速搅拌 10 min，然后在慢速搅拌下加入 40 g 聚醋酸乙烯酯乳液，直至搅匀为止，即得白色涂料。

（2）成品要求如下。外观：白色稠厚流体；固体质量分数：50%；干燥温度及时间：25℃下，表干 10 min，实干 24 h。

（3）性能测定。涂刷石棉水泥样板，观察干燥速度，测定白度、光泽，并作耐水性实验、耐湿擦性实验。

五、注意事项

（1）在搅匀颜料、填充料时，若用料黏度太大难以操作，可适量加入乳液至能搅匀为止。

（2）最后加乳液时，必须控制搅拌速度，防止产生大量泡沫。

六、思考题

（1）试说出乳胶涂料中各种原料所起的作用。

（2）在搅拌颜料、填充料时，为什么要高速均质搅拌？用普通搅拌器或手工搅拌方法会对涂料性能有何影响？

七、补充知识

聚醋酸乙烯酯乳胶涂料常用配方如表 40.1 所示。

表 40.1 聚醋酸乙烯酯乳胶涂料常用配方

名　　称	质量分数/（%）			
	配方一	配方二	配方三	配方四
聚醋酸乙烯酯乳液（质量分数为 50%）	42	36	30	26
钛白	26	10	7.5	20
锌钡白	—	18	7.5	—
碳酸钙	—	—	—	10
硫酸钡	—	—	15	—
滑石粉	8	8	5	—
瓷土	—	—	—	9
乙二醇	—	—	3	—
磷酸三丁酯	—	—	0.4	—
一缩乙二醇丁醚醋酸酯	—	—	—	2
羧甲基纤维素	0.1	0.1	0.17	—
羟乙基纤维素	—	—	—	0.3
聚甲基丙烯酸钠	0.08	0.08	—	—
六偏磷酸钠	0.15	0.15	0.2	0.1
五氯酚钠	—	0.1	0.2	0.3
苯甲酸钠	—	—	0.17	—
亚硝酸钠	0.3	0.3	0.02	—
醋酸苯汞	0.1	—	—	—
水	23.27	27.27	30.84	32.3

　　配方一、二、三、四使用的基料与颜料比依次为 1∶1.62、1∶2、1∶2.33、1∶3。

　　配方一中，颜料用量较大而体质颜料用量较小，颜料中全部用金红石型钛白，乳液用量也较大，因此涂料的遮盖力强，耐洗刷性也好，用于要求较高的室内墙面涂装，也能作为一般的外用平光涂料使用。如果增加聚醋酸乙烯酯乳液的用量，能得到稍微有光的涂膜，但一般的聚醋酸乙烯酯乳液很难制得半光以上的涂膜。

　　配方二用部分锌钡白代替钛白，遮盖力比配方一要差些，是稍微经济的一般室内平光墙面涂料，耐洗刷性也差些。如其采用金红石型钛白，涂料也仅能勉强用于要求不高的室外场合。

　　配方三的颜料用量较小，体质颜料用量增加很多，乳液用量也小，所以涂料的遮盖力、耐洗刷性能都要差些，可作为较为经济的室内用涂料。

　　配方四的颜料比例较大，涂料主要用于遮盖力要求较高、洗刷性要求不高的室内场合。

　　由此可见，乳胶涂料在不同配方中可以使用不同品种的助剂，可根据不同的要求和生产成本等因素综合考虑涂料的选择。

　　乳胶涂料的生产一般可借助球磨机、高速分散机等设备，如配方中含有消泡剂且配备得当的话，也可以借助砂磨机。先将分散剂、增稠剂（增稠剂可先只添加一部分）、防锈剂、消泡剂、防霉剂等溶解成水溶液，并与颜料、体质颜料一起加入球磨机（或上述其他设备）研磨，使颜料分散到一定程度，然后在搅拌下加入聚醋酸乙烯酯乳液，搅拌均匀后再慢慢加入防冻剂、增稠剂的另一部分和成膜助剂，最后加入氨水、氢氧化钾（或氢氧化钠）调节 pH 值，使混合物呈微碱性。

　　如想配制色涂料，则在最后加入各种色浆配色，表 40.2 列出了三种色浆的配方。首先必须将各种物料研磨、分散好，否则在配色时不能得到均匀的色彩。如颜料分散得不好，涂刷次数或方向不同会导致颜色不同。如颜料分散得不好，则乳胶漆在存储过程中有时会产生凝聚现象，使其颜色发生变化。有机颜料所用的表面活性剂（润湿剂）有乳化剂（OP-10）等。将乳化剂（OP-10）溶于水，加入各色颜料后，用砂磨机研磨数次，至颜料分散至合适程度。在配方中可以加入乙二醇，使研磨时产生的泡沫较易消失，并使色浆也不易干燥和冰冻。

表 40.2　色浆常用配方

名称	质量分数/（%）		
	黄色浆	蓝色浆	绿色浆
耐晒黄 G	35	—	—
酞菁蓝	—	38	—
酞菁绿	—	—	37.5
乳化剂（OP-10）	14	11.4	15
水	51	50.6	47.5

　　大量的润湿剂加入乳胶涂料中会给涂膜的耐水性带来影响，但由于乳胶涂料绝大多数是白色和浅色的，如果上述有机颜料分散得很好的话，着色力也是相当好的，一般情况下色浆的用量都不会太多，对乳胶涂料耐水性带来的影响也不会很大。

实验 41　聚乙烯醇缩甲醛胶水的制备

一、实验目的

（1）了解聚乙烯醇缩甲醛胶水的制备流程。

（2）学习聚乙烯醇缩甲醛胶水的合成方法及分析检验方法。

（3）学习有机缩合反应的实验操作及简易黏度计的使用方法，学习分析天平的使用方法和滴定操作。

二、实验原理

聚乙烯醇（polyvinyl alcohol，PVA）为白色粉末状，由聚醋酸乙烯酯醇解制得。目前工业上多采用聚醋酸乙烯酯的甲醇溶液，以碱作催化剂进行醇解反应，脱去醋酸根而得到 PVA：

$$\left[CH_2-CH\right]_n + nCH_3OH \xrightarrow{\ NaOH\ } \left[CH_2-CH\right]_n + nCH_3COOCH_3$$
$$\underset{\underset{O}{\overset{|}{C}}-CH_3}{\overset{|}{O}} \qquad\qquad\qquad\quad HO$$

由于醇解反应不能进行到底，所以在 PVA 的分子中，总会有一小部分醋酸根不能被羟基所取代。聚醋酸乙烯酯醇解的程度称为醇解度，常以摩尔分数（百分率）的形式表示。

PVA 分子主链上的侧基是羟基，诸多羟基在分子间和分子内形成氢键，大大降低了 PVA 在水中的溶解度，因此，低温时 PVA 在水中的溶解度很小。由于氢键具有热力学不稳定性，在水温高时，很易破裂，所以 PVA 在水温高时，很易溶解。其水溶液可直接作为乳化剂、胶黏剂使用。PVA 按聚合度和醇解度的不同有多种型号。本实验所用的 PVA 17-99 系指平均聚合度约为 1700，醇解度约为 99％的 PVA。

为了提高 PVA 的胶黏强度和耐水性，可以通过 PVA 的缩醛反应来使 PVA 改性。如聚乙烯醇与丁醛进行缩合反应制得的聚乙烯醇缩丁醛是一种强度很高的结构胶黏剂，用于制造防弹玻璃。本实验以盐酸为催化剂，PVA 与甲醛发生缩醛反应生成热塑性树脂——聚乙烯醇缩甲醛（俗称 107 胶）：

$$\sim\sim CH_2-CH-CH_2-CH\sim\sim + HCHO \xrightarrow{\ H^+\ } \sim\sim CH_2-CH-CH_2-CH\sim\sim + H_2O$$
$$\qquad\quad\underset{OH}{|}\qquad\quad\underset{OH}{|} \qquad\qquad\qquad\qquad\underset{O}{|}\qquad\qquad\underset{O}{|}$$
$$\qquad\qquad\qquad\qquad\qquad\qquad\qquad\qquad\qquad\qquad\underset{CH_2}{\diagdown\diagup}$$

聚乙烯醇缩甲醛分子中的羟基是亲水基，而缩醛基是憎水基。控制一定的缩醛度，可使生成的聚乙烯醇缩甲醛胶水既有一定的水溶性，又有较好的耐水性。为保证胶水质量稳定，缩醛反应结束后，需用 NaOH 中和胶水至中性。

聚乙烯醇缩甲醛胶水的黏度与 PVA 的用量有关。要想获得合适的缩醛度，必须严格控制反应条件，如反应物的配比、溶液的酸度、催化剂的用量、反应温度和反应时间等。实验证明，当聚乙烯醇的含量为 8％～9％，甲醛的含量为 2％～3％，去离子水的含量为 85％～87％，反应时间约为 1 h,反应 pH 值为 1.7～2.1,反应温度为 86～88 ℃时,可生产出质量合格(符合国际 JC 438-1991)的聚乙烯醇缩甲醛胶水。

检验胶水的质量,主要是测定其黏度和缩醛度,由于缩醛度的测定费时且操作复杂,因此一般测定胶水的游离甲醛量来判断缩醛度的高低,通常胶水中的游离甲醛很少,表明缩醛度高;反之,则表明缩醛度低。本实验要求游离甲醛含量小于 1.2%。

常用简易黏度计——涂-4 黏度计来测定黏度。在 20 ℃时,测定 100 mL 胶水从规定直径(4 mm)的孔中流出所需的时间(s),并以该流出时间来表示黏度的大小。本实验要求黏度约为 70 s 左右。

胶水游离甲醛量的测定要借助亚硫酸钠与甲醛的反应,反应生成羟甲基磺酸钠和氢氧化钠:

$$\underset{H}{\overset{H}{\diagup}}C{=}O + Na_2SO_3 + H_2O = \underset{H}{\overset{H}{\diagup}}\underset{SO_3Na}{\overset{OH}{C}} + NaOH$$

以玫红酸(变色范围 pH = 6.2～8.0)为指示剂,用标准 HCl 溶液滴定上述反应生成的 NaOH,溶液由红色变为无色即为终点。根据滴定所需标准 HCl 溶液的量,算出游离甲醛的含量(质量分数),计算公式如下。

甲醛的质量分数 $= \{(V-V_0) \cdot c(HCl) \cdot M(HCHO)/1000m\} \times 100\%$

其中,V——滴定胶水用去标准 HCl 溶液的体积,mL;

$\quad\quad V_0$——空白滴定(不加胶水)用去标准 HCl 溶液的体积,mL;

$\quad\quad c(HCl)$——标准 HCl 溶液的浓度,mol/L;

$\quad\quad m$——胶水的质量,g;

$\quad\quad M(HCHO)$——甲醛的摩尔质量,mol/L。

三、主要仪器和试剂

台称、分析天平、锥形瓶(250 mL)、具塞三口烧瓶(250 mL)、铁架台(带双顶丝)、铁万用夹、恒温水浴锅、滴管、量筒(10 mL、50 mL、200 mL)、酸式滴定管、滴定管夹、洗瓶、滤纸片、软木塞、带软木塞的温度计(0～100 ℃)、装有玻璃套管的软木塞、搅拌器、玻璃搅拌棒、秒表、涂-4 黏度计、pH 试纸。

甲醛溶液(36%)、浓盐酸、氢氧化钠溶液(6 mol/L)、聚乙烯醇 17-99。

四、实验内容

1. 聚乙烯醇缩甲醛胶水的合成

1) 聚乙烯醇的溶解

接通恒温水浴锅(内装有水)的电源,开启电源开关,将水浴温度调节器先调至最大处,待水温升至 80～85 ℃时,再将温度调节器调小,控制三口烧瓶内的温度为 90～92 ℃为宜。

在恒温水浴锅升温的同时,用台秤称取 15 g PVA,并将它装入三口烧瓶中,再加入 150 mL 去离子水。

按图 41.1 将三口烧瓶置于恒温水浴锅中并固定。在装有玻璃套管的软木塞中插入玻璃搅拌棒,装入三口烧瓶中间的瓶口中。细心调节搅拌马达、玻璃搅拌棒连接位置,固定。轻轻转动搅拌棒,确认安装位置正确后,塞紧软木塞,在三口烧瓶的其他两个瓶口分别装入带软木塞的温度计和软木塞。

开启搅拌器,控制调速器,由小到大调节转速使固体全部搅起为宜。

调节恒温水浴锅的温度调节器,使三口烧瓶内的温度稳定在 90~92 ℃,直到三口烧瓶内的 PVA 全部溶解,溶液呈透明状,不再有白色胶团为止。

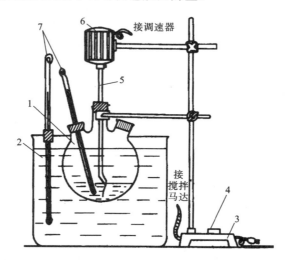

1——三口烧瓶;2——恒温水浴锅;3——搅拌器底座;4——调速器;5——玻璃搅拌棒;6——搅拌马达;7——温度计。

图 41.1　合成胶水的装置示意图

2)缩醛反应

打开三口烧瓶上的软木塞,当三口烧瓶内温度降至 85~88 ℃时,向三口烧瓶中滴加浓盐酸 3 滴,调节 PVA 水溶液的 pH 值至 1.7~2.0。

量取 4.3 mL 质量分数为 36% 的甲醛溶液,用滴管少量多次加入三口烧瓶中,塞好软木塞,继续搅拌,反应 1 h。

注意:反应温度不能超过 90 ℃,否则在酸度稍低时,容易发生暴聚现象,形成游离出水溶液的凝胶团,导致反应失败。

切断恒温水浴锅电源,停止加热。打开软木塞,滴加 6 mol/L 的 NaOH 溶液 6 滴至聚乙烯醇缩甲醛胶水的 pH 值为 7 左右。

3)降温出料

切断搅拌器的电源,停止搅拌。取出带软木塞的温度计及装有玻璃套管的软木塞和搅拌棒,卸下三口烧瓶(小心操作,以防玻璃瓶破损)。

用自来水淋洗三口烧瓶外壁,使瓶内的胶水冷却至室温。将胶水装入干净的三角瓶中待用,洗净实验仪器。

2. 产品的分析测定

按图 41.2 将洁净、干燥的涂-4 黏度计置于固定架上,用水平调节螺丝调节涂-4 黏度计固定架,使其处于水平状态。

用手指按住黏度计下部水孔,冷至室温(20 ℃),将待测胶水倒入涂-4 黏度计的样品杯,杯满后,用玻璃棒沿水平方向抹去多余部分。

将承接杯置于黏度计下方,松开手指,同时按下秒表,测定胶水由细流状转变为滴流状流出所需的时间并记录之。

注意:涂-4 黏度计用于测定黏度为 150 s 以下的低黏度胶水。对于黏度为 150 s 以上的胶水,可用旋转黏度计测定其黏度。

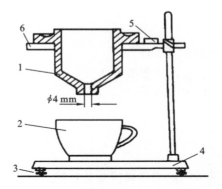

φ4 mm

1——涂-4 黏度计;2——承接杯;3——水平调节螺丝;4——黏度计座;5——水平仪;6——固定架。

图 41.2　涂-4 黏度计

五、注意事项

(1) 在加热时,恒温水浴锅应先调至 220 V 挡,当温度达到 80 ℃时,再调至 50 V 挡缓慢加热,使温度慢慢上升到 90 ℃左右。

(2) 当温度达到反应温度时,应使恒温水浴锅保持在 50 V 挡。

(3) 反应时间:第一次反应时间以聚乙烯醇的溶解为界,第二次反应时间以出现絮状物为界,第三次反应时间以产物降到指定温度为界。

六、思考题

(1) 如何提高 PVA 的耐水性?用 PVA 合成聚乙烯醇缩甲醛胶水的机理是什么?

(2) 本实验中,影响产品质量的反应条件有哪些?怎样控制?

(3) 为什么开启搅拌器时,首先要检查搅拌马达及反应仪器的安装是否适当?

(4) 测定聚乙烯醇缩甲醛胶水中游离甲醛含量的原理是什么?为什么要测定该含量?甲醛量过大对人体有何危害?

实验 42　水溶性酚醛树脂胶黏剂的制备

一、实验目的

（1）了解酚醛树脂胶黏剂的合成原理。

（2）掌握水溶性酚醛树脂胶黏剂的制备方法。

（3）学习和掌握黏度计的使用方法。

二、实验原理

酚醛树脂是最早用于胶黏剂工业的合成树脂品种之一，它由苯酚（或甲酚、二甲酚、间苯二酚）与甲醛在酸性或碱性催化剂下缩聚而成。根据苯酚、甲醛的用量配比和催化剂的不同，可生成热固性酚醛树脂和热塑性酚醛树脂两类。热固性酚醛树脂是苯酚与甲醛以小于 1 摩尔比的用量在碱性催化剂（氨水、氢氧化钠）下反应生成的，它一般可溶于酒精和丙酮，为了降低价格、减少污染，可配制成水溶性酚醛树脂。热固性酚醛树脂经加热可进一步交联固化成不溶不熔物。热塑性酚醛树脂（又称线性酚醛树脂）是苯酚与甲醛以大于 1 摩尔比的用量在酸性催化剂（盐酸）下反应生成的，可溶于酒精和丙酮。由于它是线形结构的，因此其不会在加热条件下固化，使用时必须加入环六次甲基四胺等固化剂，才能使之发生交联，变为不溶不熔物。

热固性酚醛树脂的结构式为

热塑性酚醛树脂的结构式为

在实际使用时，一般情况下，往往首选热固性酚醛树脂胶黏剂，而热塑性酚醛树脂胶黏剂的使用要少得多。

未改性的热固性酚醛树脂胶黏剂的品种很多，现在国内通用的有三种。钡酚醛树脂胶黏剂是以氢氧化钡为催化剂制取的甲阶酚醛树脂，可以在石油磺酸的强酸作用下于室温固化，缺点是游离酚含量高达 20％，对操作者身体有害。同时，由于其成分中有酸性催化剂，黏结木材时会使木材纤维素水解，黏结强度会随时间的增长而下降。醇溶性酚醛树脂胶黏剂是以氢氧化钠为催化剂制取的甲阶酚醛树脂，其可在酸的作用下于室温固化，其性能与钡酚醛树脂胶黏剂的相同，但游离酚含量在 5％以下。水溶性酚醛树脂胶黏剂的游离酚含量很低，为 2.5％，其对人体危害较小，同时，以水为溶剂可大量节约有机溶剂。目前，国产的酚醛树脂胶黏剂的性能已经达到指标。本实验讲解水溶性酚醛树脂胶黏剂的制备方法。

三、主要仪器和试剂

四口烧瓶(250 mL)、温度计(100 ℃)、烧杯(200 mL)、量筒(100 mL)、托盘天平、水浴锅或电热套、球形冷凝管、电动搅拌器。

氢氧化钠溶液(40%)、苯酚、甲醛(37%)。

四、实验内容

将 50 g 苯酚及 25 mL 质量分数为 40%的氢氧化钠溶液加入四口烧瓶,搅拌并升温至40~45 ℃,保温 20~30 min。

控温在 42~45 ℃,在 30 min 内滴加 50 mL 甲醛,此时温度逐渐升高,在 1.5 h 内将温度从 45 ℃升至 87 ℃,然后继续在 25 min 内将反应物的温度由 87 ℃升至 95 ℃,保温 20 min,在30 min 内由 95 ℃冷却至 82 ℃,再加入 10 mL 甲醛和 10 mL 水,温度从 82 ℃升至 92 ℃,反应20 min 后,取样测定黏度至符合要求为止,立即通冷却水,温度降至 40 ℃,出料。产品为深棕色黏稠状液体。

五、注意事项

(1) 注意控制温度和反应时间。

(2) 反应中实际的加水量应包括甲醛和氢氧化钠溶液中的含水量。

(3) 黏度控制在 0.1~0.2 Pa・s(20 ℃)。

六、思考题

(1) 热固性酚醛树脂和热塑性酚醛树脂在甲醛和苯酚的配比上有何不同?这对它们各自的树脂结构有何影响?

(2) 在整个反应过程中,为什么要逐步有控制地升温?

(3) 在反应过程中,氢氧化钠起什么作用?

实验 43　脲醛树脂的制造

一、实验目的

（1）掌握脲醛树脂的实验室制造方法。

（2）了解脲醛树脂的形成过程。

二、实验原理

脲醛树脂胶黏剂（UF 胶）是市场上需求量最大的胶黏剂之一，其具有原料价廉易得、制造工艺简单、黏度大、黏结强度高等优点，被广泛应用于木器加工、人造板材的生产及室内装修等行业。但随着人们环保意识的日益提高及 UF 胶应用领域的扩大，脲醛树脂胶黏剂存在的主要问题也暴露了出来：其耐水性差，耐老化性差，游离甲醛含量偏高，对人的健康不利，会刺激眼睛、皮肤和呼吸道黏膜，被认为是致癌物质。国内外专家指出，要想保持 UF 胶在胶黏剂行业的主导地位，应采取先进工艺生产出低毒、耐水性好、综合性能优良、符合环保要求的 UF胶。本实验将从合成脲醛树脂的主要影响因素入手，在结合传统合成工艺的基础上，通过控制脲醛比，加入三聚氰胺、PVA 改性剂和甲醛捕捉剂，在中低温条件下，实现树脂的合成，减少能源消耗，并得到综合性能良好、符合环保要求的脲醛树脂胶黏剂。

脲醛树脂是尿素与甲醛反应得到的聚合物，又称脲甲醛树脂，英文缩写 UF。加工成型时发生交联，制品为不溶不熔的热固性树脂。固化后的脲醛树脂的颜色比酚醛树脂的浅，呈半透明状，耐弱酸、弱碱，绝缘性能好，耐磨性极佳，价格便宜，但遇强酸、强碱易分解，耐候性较差，其平均分子量约为 10000。尿素与 37% 的甲醛水溶液在酸或碱的催化下可缩聚得到线性脲醛低聚物，工业上以碱为催化剂，在约 95 ℃的温度下反应，甲醛与尿素的摩尔比为 1.5～2.0，以保证树脂能固化，反应第一步生成一羟甲基脲和二羟甲基脲，然后羟甲基与氨基进一步缩合，得到可溶性树脂。如果用酸催化，易产生凝胶。产物需在中性条件下才能储存。线性脲醛树脂以氯化铵为固化剂时可在室温下固化。模塑粉则在 130～160 ℃的温度下固化，促进剂（如硫酸锌、磷酸三甲酯、草酸二乙酯等）可加速固化过程。脲醛树脂主要用于制造模压塑料、日用生活品、电器零件、纸和织物的浆料、贴面板、建筑装饰板等。由于其色浅且易于着色，制品往往色彩丰富。脲醛树脂成本低廉、颜色浅、硬度高、耐油、抗霉，有较好的绝缘性和耐温性，但耐候性和耐水性较差，它是较早开发出的热固性树脂之一。

制作塑料制品所用的脲醛树脂的数量仅占总产量的 10% 左右。在甲醛与尿素的摩尔比较低的情况下制得的脲醛树脂，与填料（纸浆、木粉）、色料、润滑剂、固化剂、稳定剂（六亚甲基四胺、碳酸铵）、增塑剂（脲或硫脲）等组分混合，再经过干燥、粉碎、球磨、过筛，即得脲醛压塑粉。压制脲醛塑料的温度为 140～150 ℃，压强为 25～35 MPa，压制时间依制品的厚度而异，一般为 10～60 min。脲醛树脂一般为水溶性树脂，较易固化，固化后的树脂无毒、无色、耐光性好，长期使用不变色，热成型时也不变色，可加入各种着色剂以制备各种色泽鲜艳的制品。

三、主要仪器和试剂

电动搅拌器、三口烧瓶、球形冷凝管、温度计、搅拌轴套、搅拌棒、水（油）浴锅、加热器、台秤、烧杯。

尿素（100%）、甲醛（37%）、氢氧化钠溶液（30%）、氯化铵溶液（20%）。

四、实验内容

（1）将 123 mL 甲醛加入三口烧瓶，启动电动搅拌器，用氢氧化钠溶液调节 pH 值至 8，升温至 40 ℃。

（2）加入 45 g 尿素，在 20 min 内升温至 90 ℃，保温 20 min，用氯化铵溶液调节 pH 值至 6，继续在 90 ℃保温 20 min。

（3）加入 15 g 尿素，升温至 95 ℃，约 30 min 后出现混浊，保持反应 15 min，降温至 70 ℃，用氢氧化钠溶液调节 pH 值至 7。

（4）将反应液转移至克氏烧瓶中进行减压脱水（真空度为 650～670 mmHg，内部温度低于 70 ℃），脱水量为甲醛溶液含水量的 40%。脱水后冷却至 40 ℃，放料。

五、思考题

（1）计算实验中甲醛与尿素的摩尔比。

（2）分析树脂形成过程，写出初期脲醛树脂的生成反应。

（3）在反应过程中，你有没有观察到反应液自动升温和 pH 值下降的现象？为什么会出现上述现象？

实验 44　双酚 A 型环氧树脂胶黏剂的合成及配制

一、实验目的

（1）掌握双酚 A 型环氧树脂的实验室制法。
（2）了解环氧值的测定方法和一般环氧树脂胶黏剂的配制方法和应用。

二、实验原理

双酚 A 型环氧树脂有低分子量、中等分子量和高分子量三种。双酚 A 型低分子量环氧树脂的学名为双酚 A 二缩水甘油醚，为 E 型环氧树脂，为黄色或琥珀色高黏度透明液体，软化点低于 50 ℃，分子量小于 700，易溶于二甲苯、甲乙酮等有机溶剂。通常环氧树脂胶黏剂大多采用低分子量环氧树脂，而热熔胶采用高分子量环氧树脂。

1. 双酚 A 型环氧树脂的合成原理

双酚 A 型环氧树脂由环氧氯丙烷与双酚 A 在氢氧化钠作用下聚合制得，该反应为逐步聚合反应，通常认为它们在氢氧化钠存在的条件下，不断地进行环氧基开环和闭环反应，最终形成长链分子。

2. 环氧值的测定

环氧值是指每 100 g 树脂中所含环氧基的摩尔数，它是衡量环氧树脂质量的重要指标之一，也是计算固化剂用量的依据，分子量越高，环氧基间的分子链越长，环氧值越低。一般低分子量环氧树脂的环氧值为 0.50～0.57。分子量小于 1500 的环氧树脂的环氧值用盐酸-丙酮法测定，反应如下：

过量的 HCl 用标准 $NaOH-C_2H_5OH$ 溶液回滴。

3. 环氧树脂胶黏剂的黏结和固化机理

环氧树脂结构中含有脂肪族羟基、醚基和极活泼的环氧基，羟基和醚基都有很高的极性，使环氧树脂分子能与临界面产生静电引力，环氧基与介质表面的游离基反应形成化学键，因此，环氧树脂的黏合力特别强。环氧树脂在未固化前呈热塑性线形结构，使用时必须加入固化剂，固化剂与环氧树脂的环氧基等反应，变成网状结构的大分子，成为不溶不熔的热固性物质。不同的固化剂以不同的固化机理固化，有的固化剂与环氧树脂加成后，构成固化产物的部分会立即完成固化，有的固化剂则通过催化作用使环氧树脂本身开环聚合而固化。

三、主要仪器和试剂

四口烧瓶、搅拌器、滴液漏斗、分液漏斗、回流冷凝管、温度计、移液管、容量瓶、锥形瓶、电热套、减压蒸馏装置。

双酚 A、环氧氯丙烷、氢氧化钠、浓盐酸、丙酮、氢氧化钠溶液（0.1 mol/L）、苯、乙二胺、酚酞试液、浓硫酸、重铬酸钾、轻质碳酸钙、邻苯二甲酸二丁酯。

四、实验内容

1. 环氧树脂的制备

（1）将 22 g 双酚 A（0.1 mol）、28 g 环氧氯丙烷（0.3 mol）加入装有搅拌器、滴液漏斗、回流冷凝管及温度计的四口烧瓶中，搅拌并加热至 70 ℃，使双酚 A 全部溶解。

（2）称取 8 g 氢氧化钠溶解在 20 mL 水中，置于 60 mL 滴液漏斗中，慢慢滴加氢氧化钠溶液至四口烧瓶，保持反应液温度在 70 ℃左右，约 30 min 内滴加完毕。在 75～80 ℃的温度下继续反应 1.5～2 h，可观察到反应混合物呈乳黄色。

（3）向反应瓶中加入 30 mL 蒸馏水和 60 mL 苯，充分搅拌，倒入分液漏斗，静止分层后，分去水层；油层用蒸馏水洗涤数次，直至分出的水相呈中性，无氯离子（可用 pH 试纸和 $AgNO_3$ 溶液进行检测）。

（4）先常压蒸馏，除去苯，然后减压蒸馏，除去苯、水及未反应的环氧氯丙烷，得到淡黄色透明黏稠液。

2. 环氧值的测定

（1）用移液管将 1.6 mL 浓盐酸（$\rho=1.19$ g/mL）转入 100 mL 的容量瓶中，用丙酮稀释至容量瓶刻度线处，配成 0.2 mol/L 的盐酸丙酮溶液（现配现用，无须标定）。

（2）在锥形瓶中准确称取 0.3～0.5 g 样品，准确吸取 15 mL 盐酸丙酮溶液至锥形瓶。将锥形瓶盖好，放在阴凉处（约 15 ℃的环境中）静置 1 h。然后加入两滴酚酞试液，用 0.1 mol/L 的标准 NaOH 溶液滴定至粉红色，做平行实验，并做空白对比。

3. 胶黏剂的配制和应用

本实验制得的是低分子量环氧树脂，可以各种金属、玻璃、聚氯乙烯塑料、瓷片等为试样。

（1）为保证胶黏剂与被黏结界面有良好的黏附效果，被黏结材料必须经过表面处理，以除去油污等杂质。将两块铝片在处理液（重铬酸钾：浓硫酸＝1：50）中浸泡 10～15 min，以除去油污，然后将其表面打磨，使其粗糙，用蒸馏水冲洗，热风吹干，自然冷却至室温。

（2）按如下配方配制胶黏剂：环氧树脂 10 g；轻质碳酸钙（填料）6 g；邻苯二甲酸二丁酯（增塑剂）0.9 g；乙二胺（固化剂）0.8 g。先将环氧树脂与增塑剂混合均匀，然后加入填料混匀，最后加入固化剂，混匀后就可进行涂胶了。注意胶黏剂配制好后，要立即使用，放置过久会固化变质。用过的容器和工具应立即清洗干净。

（3）胶接和固化：取少量胶黏剂涂于两块铝片端面，胶层要薄而均匀（约 0.1 mm 厚），把两块铝片的胶合面对准合拢，使用适当的夹具使黏结部位在固化过程中保持固定，室温下放置 8～24 h 可完全固化，1～4 d 后可达到最高的黏结强度，升温可缩短固化时间，例如在 80 ℃下，固化时间不超过 3 h。

五、注意事项

NaOH 溶液的滴加速度要缓慢，以防结块。

六、思考题

（1）合成环氧树脂时用什么催化剂？催化剂的加入速度对反应有无影响？

（2）合成环氧树脂为什么要分馏？分馏应控制在什么温度？

（3）环氧树脂用于黏结时为什么要加固化剂？固化剂的用量怎么控制？

实验 45　环氧树脂胶黏剂的配制及应用

一、实验目的

(1) 了解环氧树脂胶黏剂的组成、结构及相对分子质量与黏结性能的关系。
(2) 学习环氧树脂胶黏剂的固化机理。
(3) 掌握环氧树脂胶黏剂的配制方法和黏结工艺。

二、实验原理

1. 主要性质和用途

环氧树脂是分子中至少带有两个环氧基的线型高分子化合物。环氧树脂胶黏剂是浅黄色或棕色高黏稠透明液体或固体,可直接用于黏结而不必提前进行溶解,具有黏结强度高、固化收缩小、耐高温、耐腐蚀、耐水、电绝缘性能高、易改性、毒性低、适用范围广等优点,因此得到了广泛应用,如在航空、宇航、导弹、造船、兵器、机械、电子、电器、建筑、轻工、化工、汽车、铁路、医疗等领域都有应用,其有"万能胶"之称。

2. 黏结和固化机理

环氧树脂分子结构中含有脂肪羟基、醚键、环氧基。这些极性基团能与被黏结物表面产生较强的结合力。羟基能和一些非金属元素形成氢键,环氧基可与一些金属表面产生化学键,因此,其黏附性能好,黏结强度高。其他一些基团能使环氧树脂具有耐热性、耐化学腐蚀性、柔软性、强韧性、与其他树脂的相溶性、电绝缘性等优良性能。

环氧树脂是线型结构的热固性树脂。环氧树脂胶黏剂是以环氧树脂和固化剂为主要成分配制而成的。为改善胶黏剂的性能和工艺,可加入适量的固化剂、填充剂、稀释剂、增韧剂等。固化剂的种类很多,详见表 45.1。

表 45.1　固化剂的分类与典型实例

总　　类	分　　类		典 型 实 例
加成型	胺类	脂肪伯胺、脂肪仲胺	二乙烯三胺、多乙烯多胺、乙二胺
		芳香伯胺	间苯二胺、二氨基二苯甲烷
		脂环胺	六氢吡啶
		改性胺	105、120、590、703
		混合胺	间苯二胺与 DMP-30 的混合物
	酸酐类	酸酐	顺丁烯二酸酐、苯二甲酸酐、聚壬二酸酐
		改性酸酐	70、80、308、647
	聚合物	—	低分子聚酰胺
	潜伏型	—	双氰胺、酮亚胺、微胶囊

总 类	分 类		典 型 实 例
催化型	咪唑类	咪唑	咪唑、2-乙基-4-甲基咪唑
		改性咪唑	704、705
	三级胺	脂肪	三乙胺、三乙醇胺
		芳香	DMP-30、苄基二甲胺
	酸催化	无机盐	氯化亚锡
		络合物	三氟化硼络合物

伯胺和仲胺含有活泼的氢原子,很容易与环氧基发生亲核加成反应,使环氧树脂交联固化。固化过程可分为三个阶段。

(1) 伯胺与环氧树脂反应,生成带仲胺基的大分子:

(2) 仲胺基再与另外的环氧基反应,生成含叔胺基的更大分子:

(3) 剩余的胺基、羟基与环氧基发生反应:

三、主要仪器和试剂

砂浴或电炉、蒸发皿(20 mL)、托盘天平、玻璃棒、温度计(200 ℃)、黏结件、吹风机、夹具。聚酚氧、环氧树脂(618#、6011#、604#)、聚酰胺树脂(650#)、三乙烯四胺、邻苯二甲酸二丁酯、汽油、乙醇(丙酮)、石英粉(200 目)、氧化铝粉(300 目)、铝片、银粉、砂纸、铝材的化学处理液(重铬酸钠 1~4 g)。

四、实验内容

1. 材料的表面处理

为保证胶黏剂与被黏结件界面良好地黏附,被黏结材料须经过表面处理,以除去油污等杂质,步骤如下:预清洗(用汽油擦洗欲黏结件,清洗材料表面的灰尘、污垢)、除油(用乙醇或丙酮除油)、机械处理(用砂纸打磨除掉金属表面的旧氧化皮并形成粗糙表面)、水冲洗、化学处理(不同的材料用不同的处理液,对于铝片,可用铝材的化学处理液对其在 66~68 ℃下处理 10 min)、蒸馏水冲洗、热风吹干、自然冷却至室温。

2. 配制胶黏剂

(1) 配方 1:将 4 g 6011# 环氧树脂与 3.2 g 604# 环氧树脂混合,加热熔化后,加入 0.6 g 聚酚氧,继续加热至 180 ℃,融熔,冷却到 100 ℃,加入 0.8 g 618# 环氧树脂,不断搅拌,冷却至室温即得 1 号胶。

(2) 配方 2:将 4 g 618# 环氧树脂、4 g 650# 聚酰胺树脂、1.6 g 石英粉(200 目)混合,搅拌均匀,即得 2 号胶。

(3) 配方 3:称取 2 g 618# 环氧树脂、0.4 g 邻苯二甲酸二丁酯、2 g 氧化铝粉(300 目)、0.2 g 三乙烯四胺,混合,搅拌均匀,即得 3 号胶。

(4) 配方 4(901 导电胶):将 1.7 份 6011# 环氧树脂和 0.3 份丙酮混合,作为混合物甲,按混合物甲∶三乙烯四胺∶银粉＝2∶0.5∶4.5(总量自定)的比例进行配制,得 4 号胶。

3. 涂胶黏剂

为表面处理好的待黏结件涂上适当厚度(0.1 mm)的胶黏剂,注意不要有气泡,也不要缺胶。然后将黏结面合在一起,用夹具夹紧,使黏结层紧密贴合。

4. 室温晾置固化

(1) 1 号胶——热熔涂胶,室温即成型。

(2) 2 号胶——室温放置 72 h 后完全固化。

(3) 3 号胶——室温放置 48 h 后完全固化。

(4) 4 号胶——做演示用。

五、注意事项

(1) 黏结前要将黏结件处理干净,晾干。

(2) 黏结件学生自备,可用格尺、笔杆、眼镜、塑料片、金属片等。

六、思考题

（1）热熔胶与一般固化胶有何区别？它们各有什么特点（主要从结构、性质及黏结性能等方面考虑）？

（2）什么是增韧剂和固化剂？用环氧树脂进行黏结时，加入固化剂的目的是什么？

（3）为什么环氧树脂有良好的黏结性能？

实验 46　丙烯酸系压敏胶的制备

一、实验目的

学习丙烯酸系压敏胶的制备方法。

二、实验原理

1. 主要性质和用途

丙烯酸系压敏胶(pressure sensitive adhesive of acrylic acid system)是丙烯酸酯的聚合物,具有橡胶类聚合物压敏胶所没有的耐候性和耐油性等优良性能。

丙烯酸系压敏胶有溶剂型和乳液型两种。溶剂型丙烯酸系压敏胶是基础型胶,具有优良的内聚性和黏附性。乳液型压敏胶虽内聚性也好,但其黏附性欠佳。

丙烯酸系压敏胶在现代工业和日常生活中应用广泛,其大量用于电气绝缘、医疗卫生等领域,也可用于粘贴标签、遮蔽不可喷漆和电镀的部位、防止管道的电化学腐蚀,以及防止某些产品、器具的剐伤或玷污等。丙烯酸系压敏胶有优良的耐候性,其用途比橡胶类胶更广泛,特别适合北方寒冷地区使用。

2. 丙烯酸系压敏胶的基本成分和作用

丙烯酸系压敏胶大致有三种基本成分。①起黏附作用的黏附成分,如碳原子数为 $4\sim12$ 的丙烯酸烷基醇,其聚合物的玻璃化温度(T_g)为 $-70\sim-20$ ℃,这类单体一般要占压敏胶成分的 50% 以上。②起内聚作用的内聚成分,如丙烯酸烷基酯、甲基丙烯酸烷基酯、丙烯腈、苯乙烯、醋酸乙烯、偏氯乙烯等,内聚成分可以提高内聚力,提高产品的黏附性、耐水性和透明度。③起改性作用的官能团成分,如丙烯酸、甲基丙烯酸、N-羟甲基丙烯酰胺等单体,改性成分能起到交联作用,可提高产品的内聚强度和黏结性能,以及聚合物的稳定性等。

黏附成分、内聚成分和官能团成分是构成丙烯酸系压敏胶的基本成分,凡能使产品黏附性、内聚性与黏结性保持平衡的配方均可采用。但这三者之间有相反倾向,因此采用多种单体共聚。溶剂型压敏胶在溶剂中进行单体共聚。乳液型压敏胶在水中用乳化剂将单体乳化进行共聚得乳液态产品。从减少危害和能源消耗等方面来看,乳液型压敏胶更佳。

本实验介绍乳液型丙烯酸系压敏胶的制备工艺。

三、主要仪器和试剂

四口烧瓶(250 mL),冷凝管、滴液漏斗(60 mL)、烧杯(200 mL、500 mL)、温度计($0\sim100$ ℃)、量筒(10 mL、100 mL)、电动搅拌器、反应锅、托盘天平、水浴锅、电热套。

丙烯酸 2-乙基己酯、丙烯酸甲酯、醋酸乙烯酯、丙烯酸、十二烷基硫酸钠、过硫酸铵、碳酸氢钠、正丁基硫醇、乙醇胺、N-羟甲基丙烯酰胺。

四、实验内容

（1）配方设计。

乳液型丙烯酸系压敏胶单体一般由起黏附作用的丙烯酸异辛酯、丙烯酸丁酯，起内聚作用的丙烯酸甲酯、甲基丙烯酸甲酯、丙烯酸乙酯、醋酸乙烯酯等，以及起改性作用的丙烯酸、丙烯酸羟乙酯等组成。只有在三组分配比合理的情况下，才能使黏附性、内聚性和黏结性保持平衡，获得性能良好的压敏胶。本实验配方如表 46.1 所示。

表 46.1　实验配方

名　　称	质量/g
丙烯酸 2-乙基己酯	86
丙烯酸甲酯	5
醋酸乙烯酯	4
丙烯酸	3
十二烷基硫酸钠	0.5
过硫酸铵	0.3
碳酸氢钠	0.3
正丁基硫醇	0.1
N-羟甲基丙烯酰胺	3
乙醇胺	适量

（2）单体乳化。在装有电动搅拌器的反应锅中，加入一定量的十二烷基硫酸钠与去离子水，加入丙烯酸，搅拌均匀。加入 1/2 的丙烯酸 2-乙基己酯、丙烯酸甲酯和醋酸乙烯酯，搅拌均匀。再加入剩下 1/2 的丙烯酸 2-乙基己酯、丙烯酸甲酯和醋酸乙烯酯，以及全部正丁基硫醇，充分搅拌，形成具有一定黏度的乳液。

（3）聚合。在有电动搅拌器、冷凝管、温度计和滴液漏斗的四口烧瓶中，加入剩下的十二烷基硫酸钠和全部碳酸氢钠，以及一定量的去离子水。开始以 80～120 r/min 的速度进行搅拌，同时加热升温，当温度升至 84 ℃左右时，加 1/10 的上述乳液，加 1/2 的过硫酸铵（过硫酸铵宜配成质量分数为 10% 的溶液使用）。当溶液出现蓝色荧光共聚物时，开始均匀地、慢慢地加剩下的乳液和过硫酸铵溶液，控制在 2～3 h 加完，控温 78～85 ℃。加完料后保温 1 h。然后加入单体质量分数为 1% 左右的乙醇胺，在常温下搅拌 6 h 以上，脱去游离单体，达到除臭的目的。最后在常温下加入 N-羟甲基丙烯酰胺，搅拌均匀，以 80～100 目的滤网过滤即为压敏胶黏剂。

五、注意事项

严格按加料顺序加料，并控制加料速度。

六、思考题

（1）什么是压敏胶？丙烯酸系压敏胶有哪些优点？

（2）为什么必须按顺序加料？加入速度过快有什么缺点？

（3）反应最后加入乙醇胺的目的是什么？

实验 47　水性聚氨酯胶黏剂的制备方法

一、实验目的

（1）了解水性聚氨酯胶黏剂的制备方法。

（2）学习水性聚氨酯胶黏剂的制备过程。

二、实验原理

随着科学技术的进步，以及环保相关法律法规的要求趋严，环境友好型胶黏剂的研发日益受重视。环境友好型胶黏剂除了要对材料的黏结具有牢固性、持久性和柔软性之外，还必须要具有环保性，并对不同材质具兼容性，以确保成品的质量。水性聚氨酯胶黏剂与无溶剂型聚氨酯胶黏剂为环境友好型胶黏剂最主要的两种类型，此外，环境友好型胶黏剂还包括乳状/分散胶黏剂、反应型胶黏剂及天然聚合体胶黏剂等类型。其中，无溶剂型聚氨酯胶黏剂一般称作热熔型聚氨酯胶黏剂，其 100% 由热塑性树脂组成，不含任何水分或溶剂，在熔融状态下可以流动，并在冷却后具有黏结性能，可方便用于自动化生产过程，生产效率高，而且不产生任何环境污染，不对人类造成毒害。

普通接触型热熔胶黏剂对被黏材质表面的浸润性差，其已被证实不能普遍适用于外底的黏合，因此，人们开始对反应型热熔胶黏剂进行开发研究，经过近几年的努力，现在已开发出低黏度的且在适宜温度条件下能够应用的产品。反应型热熔胶黏剂借助水分或热作用进行交联，从而达到较好的黏合强度。使用无溶剂反应型聚氨酯热熔胶黏剂要配备专门的涂胶设备，且操作工艺条件较严格，因此，开始推广水性聚氨酯胶黏剂，其不含异氰酸酯基团，而含有羧基、羟基等基团，在适宜条件下，例如在水性异氰酸酯存在时，可使胶黏剂的分子产生交联反应。大多数水性聚氨酯胶黏剂是靠分子内极性基团产生的内聚力和黏附力进行固化的。水性聚氨酯具有极性基团，如氨酯键、脲键及离子键等，因此，其对许多合成材料，尤其是极性材料、多孔性材料，均具有良好的黏结性。与溶剂型聚氨酯胶黏剂相比，水性聚氨酯胶黏剂无臭味、无毒、无污染，且具有操作方便、残胶易清理、固体含量高及储运安全方便等优点，但水性聚氨酯胶黏剂的干燥时间较长，干燥温度较高，且干燥工艺条件的要求也极为严格。水性聚氨酯胶黏剂对基材的润湿能力差，且胶黏剂中的水溶性高分子增稠剂会使其耐水性降低，此外，目前尚未开发出配套使用的水性表面处理剂（处于实验室研究阶段），仍需使用溶剂型表面处理剂，因此，即使是使用水性聚氨酯胶黏剂，目前仍不能做到完全根除有机溶剂。水性聚氨酯胶黏剂的研究始于 20 世纪 50 年代，真正受到人们重视则是在 20 世纪 60～70 年代，但当时的水性聚氨酯胶黏剂黏合强度不高，多用于包装用胶及一些低黏合强度的场合。20 世纪 70 年代中期开始出现用于黏合鞋底的水性聚氨酯胶黏剂，因性能欠佳，再加上环保法规不严格，到 20 世纪 80 年代末，其基本上仍处于实验阶段。20 世纪 90 年代初，欧美各国环保法规日趋严厉，对鞋厂的 VOC 量开始进行控制，水性聚氨酯分散体的合成和应用工艺的研究力度得到了加强，水性聚氨酯胶黏剂的性能基本上可以满足制鞋的要求。

水性聚氨酯胶黏剂的制备方法分为外乳化法和自乳化法。比较而言，外乳化法制备的乳液中,亲水性小分子乳化剂的残留,使得固化后的聚氨酯胶膜的性能受到一定的影响,而采用自乳化法则可以消除此弊病,因此,水性聚氨酯胶黏剂的制备目前以离子型自乳化法为主。自乳化法又主要分为预聚体法、丙酮法及熔融分散法三种。

三、实验仪器和试剂

反应釜、氮气瓶、电动搅拌器。

实验试剂见表 47.1。

表 47.1　实验试剂

名　　称	质量分数/(%)
数均分子量为 500~5000 的聚合二元醇	10~50
数均分子量为 61~400 的疏水性扩链剂	0.1~10
内交联剂	0~5
亲水性扩链剂	0.1~10
二异氰酸酯	2~30
催化剂	0.001~0.1
有机溶剂	0~10
中和剂	0.2~5
去离子水	40~80

四、实验内容

(1) 将聚合二元醇、疏水性扩链剂、内交联剂、亲水性扩链剂加入反应釜,在氮气的保护下,升温至 110~ 120 ℃,真空脱水 15~30 min。

(2) 冷却至 50~60 ℃,加入二异氰酸酯,在 80~ 100 ℃下反应 1~5 h。

(3) 再将温度降低到 60~80 ℃,加入催化剂反应 1~3 h。

(4) 加入适量的有机溶剂,使混合物黏度低于 60000 Pa·s。

(5) 在高速剪切力的作用下,将中和剂的水溶液加入反应釜,搅拌 50~ 60 min,得到水性聚氨酯胶黏剂。

实验 48　有光乳胶涂料的配制

一、实验目的

（1）了解有光乳胶涂料中各组分的作用。
（2）掌握有光乳胶涂料的配制方法。

二、实验原理

1. 主要性质和用途

有光乳胶涂料（luminescent latex paint）除具有一般乳胶涂料具有的节约油脂和溶剂、安全无毒、施工方便、干燥快、保色性好和透气性好六大优点外，还具有光泽好、耐候性好等优良性能。该涂料适用于建筑物室内外墙面及木质面的粉刷和装饰，是一种较高档的、流行的装饰材料，其应用面逐步扩大，产量增长幅度很大，很有发展前景和市场竞争力。

2. 配制原理

有光乳胶涂料和其他乳胶涂料一样，须先合成胶乳（如聚醋酸乙烯乳液、丙烯酸酯乳液、丁苯胶乳及聚偏氯乙烯乳液等），不同的是，其要求乳液的粒子直径越小越好，一般为 $0.2~\mu m$ 左右或更小。然后再在合成的胶乳中加入颜料、体质颜料、保护胶体、增塑剂、润湿剂、防冻剂、消泡剂、防锈剂、防霉剂等辅助材料，最后进行研磨或分散处理。

有光乳胶涂料不但要求乳液的粒子小，而且还要求粒子的粒度均匀和稳定。这样就对有光乳胶涂料的原料提出了较高的要求。以醋酸乙烯为单体制备小粒子和有关的涂料是比较困难的，因为它在水中有一定的溶解性。向乳液中加入表面活性剂后，乳液的溶解度增加，溶质的粒度多数在 $0.5~\mu m$ 以上，要想减小粒度可加入部分丙烯酸酯使其共聚。除此之外，用丙烯酸酯，或加入部分苯乙烯共聚的乳液（即偏氯乙烯为主的乳液）均可做出有光乳胶涂料的乳液。

要想使乳液的粒度均匀和稳定，还要在选择表面活性剂及表面活性剂的复配工艺上做文章。可采用阴离子型和非离子型表面活性剂并用的方法，或在乳液中加入苯乙烯-顺丁烯二酸酐共聚物钠盐或聚甲基丙烯酸的钠盐等作为分散剂。在加入表面活性剂时，要和加入引发剂时一样，在开始时先加入一部分，然后间隔一定时间和引发剂一起陆续加入。除此之外还要加入聚丙烯酸铵、碱溶性聚丙烯酸酯乳液或碱溶聚丙烯酸酯乙烯共聚体等增稠剂来帮助分散颜料，以提高胶乳的稳定性。颜料的用量对涂膜的光泽影响很大，质量分数一般控制在 $16\%\sim20\%$。白色颜料主要用金红石型钛白，分散剂用三聚磷酸盐，也可用聚丙烯酸铵和碱溶性丙烯酸酯共聚物。要求将颜料研细，要求其具有分散稳定性。

加入丙二醇、己二醇、溶纤剂、醋酸酯、松油醇等成膜助剂可提高有光乳胶涂料的光泽。

醋酸乙烯和丙烯酸酯共聚乳液虽然价格便宜，但制备成光乳胶涂料的技术难度大。丙烯酸酯乳液制备成光乳胶涂料较容易，但价格高，将其与苯乙烯单体共聚后，不但成本低，效果也较好，所以目前有光乳胶涂料多以此为乳液。偏氯乙烯乳液效果也很好，其主要缺点是涂膜易泛黄，这可通过引入其他单体共聚物的方法来解决。

三、主要仪器和试剂

四口烧瓶(250 mL)、三口烧瓶、球形冷凝管、温度计(0～100 ℃)、电动搅拌器、均质乳化机、滴液漏斗(60 mL)、玻璃水泵、烧杯(250 mL)、量筒(10 mL、100mL)、电热套或调温水浴锅。

醋酸乙烯、丙烯酸丁酯、丙烯酸、十二烷基硫酸钠、净洗剂 TX-10、苯乙烯-顺丁烯二酸酐共聚物钠盐、过硫酸钾、苯乙烯、烷基联苯二磺酸钠(或十二烷基苯磺酸钠)、氨水。

四、实验内容

配方一主要试剂如表 48.1 所示。

表 48.1　配方一主要试剂

名　　　称	溶液的质量分数/(%)
醋酸乙烯	79
净洗剂 TX-10	1.2
苯乙烯-顺丁烯二酸酐共聚物钠盐(20%)	2.8
丙烯酸丁酯	20
丙烯酸	1
过硫酸钾	0.4
十二烷基硫酸钠	0.6

于装有球形冷凝管、滴液漏斗及电动搅拌器的四口烧瓶中加入水,再将苯乙烯-顺丁烯二酸酐共聚物钠盐、2/5 的净洗剂 TX-10 及十二烷基硫酸钠溶于水中,加入 1/7 上述混合物,以及 1/2 的过硫酸钾,升温至 70 ℃左右,保温至液体呈蓝色,开始滴加混合物,并不断搅拌,控制温度为 70～72 ℃,混合物在 3.5～4 h 内加完,每 30 min 补加部分余下的乳化剂和引发剂,以控制温度和使反应稳定,加完单体后,抽真空 30 min,除去游离单体。冷却,加氨水调 pH 值为 8～9。

配方二主要试剂如表 48.2 所示。

表 48.2　配方二主要试剂

名　　　称	溶液的质量分数/(%)
丙烯酸丁酯	23.80
烷基联苯二磺酸钠	0.25
苯乙烯	24.80
净洗剂 TX-10	0.75
丙烯酸	21.00
过硫酸钾	0.20

将乳化剂溶于水,加入混合单体,在激烈搅拌下使之乳化均匀,将 1/5 的乳化液加入装有球形冷凝管和滴液漏斗的三口烧瓶中,加入 1/2 的过硫酸钾,升温至 70～72 ℃,保温至液体

呈蓝色,开始缓慢滴加混合单体乳化液,于 3 h 内加完,每 30 min 补加部分引发剂,保持温度稳定,单体乳化液加完后升温至 95 ℃,保持 30 min,再抽真空除去未反应单体。冷却,加氨水调 pH 值为 8~9。

五、注意事项

(1) 合成胶乳时要遵循聚醋酸乙烯胶液的配制程序和原则。

(2) 合成胶乳时,单体一定要和表面活性剂、引发剂一样慢慢连续补入,这样才能制得均匀稳定的胶乳。

六、思考题

(1) 叙述有光乳胶涂料配制的要点及关键工艺技术。

(2) 为什么有光乳胶涂料发展较快?

实验 49　透明隔热涂料的制备及其性能表征

一、实验目的

（1）了解隔热涂料的相关知识。
（2）学习隔热涂料的制备及材料表征方法。
（3）了解隔热涂料性能的测试方法。

二、实验原理

1. 隔热涂料的用途

太阳通过辐射传递给地球巨大的能量，太阳辐射的能量主要集中在波长为 $0.2 \sim 2.5$ μm 的范围内，具体能量分布如下：紫外区为 $0.2 \sim 0.4$ μm，占总能量的 5%；可见光区为 $0.4 \sim 0.72$ μm，占总能量的 45%；近红外区为 $0.72 \sim 2.5$ μm，占总能量的 50%。巨大的能量给人类的生存和生活提供了必要的条件，但强烈的太阳辐射也会给工业和日常生活带来诸多问题和不便。炎热的夏天中，过多的太阳辐射增加了电扇、空调的用电量，消耗了很多能源。

普通玻璃虽然透明性好，但是对红外线的隔绝不够，这给许多需要隔绝热辐射的场合带来巨大的能量损失。在普通玻璃上涂覆透明隔热涂料，能够过滤部分太阳光中的辐射能，从而达到隔热降温的目的。

2. 实验原理

本实验中的透明隔热涂料的成膜树脂为透明的丙烯酸树脂，隔热粉体为掺锑锡氧化物（ATO）。透明隔热涂料的制备方法是首先制备 ATO 粉体及丙烯酸树脂，然后采用共混法将二者制成透明隔热涂料。

1）丙烯酸树脂的制备方法

丙烯酸树脂是由丙烯酸酯类、甲基丙烯酸酯类及其他烯属单体共聚制成的树脂。通过选用不同的树脂结构、配方、生产工艺及溶剂组成，可合成不同类型、不同性能和不同应用场合的丙烯酸树脂。根据结构和成膜机理的差异，丙烯酸树脂又可分为热塑性丙烯酸树脂和热固性丙烯酸树脂。

本实验在四口烧瓶中加入醋酸丁酯和单体丙烯酸（AA），然后将混合均匀的甲基丙烯酸甲酯（MMA）、丙烯酸丁酯（BA）及引发剂——偶氮二异丁腈（AIBN）在一定时间内滴加到四口烧瓶中，最后加热搅拌，保温，即可得到具有一定黏度的透明丙烯酸树脂。

2）ATO 溶胶的制备方法

由氧化锡和氧化锑成分构成的无机纳米粒子 ATO 是一种宽禁带 n 型半导体，它能有效地阻止红外辐射和紫外辐射，阻隔红外线的效果达 80%，阻隔紫外线的效果达 65%。纳米 ATO 粉体对可视光（380～780 nm）的吸收率极弱，该特性使得在涂料中加入 ATO 纳米粉体不会影响基体材料的原有色泽。同时 ATO 纳米粉体还具有耐高温、耐化学腐蚀等优良特性。

ATO 粉体采用溶胶-凝胶法制备：将前驱体（如正硅酸乙酯、甲正硅酸酯、烷氧金属、金属盐等）和有机聚合物放在共溶剂体系中，用酸、碱或中性盐催化前驱体水解缩合成溶胶，溶剂经挥发或热处理转化成具有网状结构的凝胶。本实验采用的前驱体为 $SnCl_2 \cdot 2H_2O$ 和 $SbCl_3$。ATO 溶胶的制备工艺流程如图 49.1 所示。

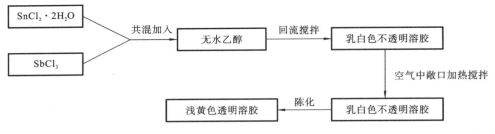

图 49.1　ATO 溶胶的制备工艺流程

利用 $SnCl_2 \cdot 2H_2O$ 和 $SbCl_3$ 在无水乙醇中的水解聚合反应制得浅黄色的透明 ATO 溶胶，涉及的反应方程式为

$SnCl_2 + EtOH \longleftrightarrow Sn(OEt)Cl + HCl \longleftrightarrow Sn(OEt)_2 + HCl$（金属卤盐进行醇解）

$SbCl_3 + EtOH \longrightarrow Sb(OEt)_xCl_{3-x} + HCl \longrightarrow Sb(OEt)_3 + HCl$（金属卤盐进行醇解）

$Sn(OC_2H_5)_2 + Sb(OC_2H_3)_3 + H_2O \longleftrightarrow H_5C_2O-Sn-OH + HO-Sb-(OC_2H_5)_2 + 2C_2H_5OH$（醇盐胶粒水解反应）

$H_5C_2O-Sn-OH + HO-Sb-(OC_2H_5)_2 \longleftrightarrow H_5C_2O-Sn-O-Sb-(OC_2H_5)(OH) + C_2H_5OH$（锡醇盐胶粒之间的缩聚反应）

$H_5C_2O-Sn-OH + HO-Sb-(OC_2H_5)_2 \longleftrightarrow H_5C_2O-Sn-O-Sb-(OC_2H_5) + H_2O$
（锡醇盐胶粒与锑醇盐胶粒之间的缩聚反应）

3）共混法

共混法是直接将纳米粉体或其分散液与聚合物或其溶液进行混合的一种物理方法，其是目前用于获得含纳米粒子的复合材料的一种比较简便的方法，它通过物理方法使纳米粒子直接均匀分布到成膜物中。

共混法中纳米粒子的制备与材料的制备是分步进行的。纳米粒子的形态尺寸可控，但由于无机纳米微粒具有较高的表面自由能，易于自发团聚，因此，在采用直接分散法制备纳米粒子/聚合物复合材料时，不可避免地会出现纳米粒子的团聚现象，导致纳米粒子在聚合物中分散不均匀，造成纳米粒子完全或部分丧失其特有的功能和作用。该方法的优点是易于控制粒子的尺寸和形态，不足之处是难以解决纳米粒子的团聚问题，即难以保证纳米粒子在聚合物基料中的均匀分布。本实验对 ATO 粉体及丙烯酸树脂进行共混，得到透明隔热涂料。

三、主要仪器和试剂

磁力搅拌器、电子天平（精度为 0.001 g）、真空干燥箱、电加热套、红外加热仪、超声清洗器（KQ-100 型）、马弗炉、球形冷凝管、温度计、滴液漏斗、超声分散仪、烘箱。

$SnCl_2 \cdot 2H_2O$、$SbCl_3$、甲基丙烯酸甲酯、丙烯酸丁酯、丙烯酸、偶氮二异丁腈、无水乙醇、醋酸丁酯。

四、实验内容

1. 丙烯酸树脂的制备

（1）称量单体。单体 MMA、BA 与 AA 的质量比为 3∶15∶1；称取醋酸丁酯，质量为单体总量的 55%；称取偶氮二异丁腈，质量为单体总量的 1%；量取无水乙醇 20 mL。

（2）聚合反应。首先将醋酸丁酯、乙醇和 AA 加入四口烧瓶，然后给四口烧瓶装上磁力搅拌器、球形冷凝管、温度计及滴液漏斗，滴液漏斗中加入 MMA、BA 和偶氮二异丁腈，混合均匀，加热，中速搅拌，球形冷凝管中出现回流蒸汽，温度计显示烧瓶内蒸汽温度为 80 ℃时开始滴加滴液漏斗中的单体，在 2 h 内滴加完毕，并搅拌保温 3 h，得到具有一定黏度的丙烯酸树脂。

2. ATO 粉体的制备

（1）称量。用天平称量 0.075 mol $SnCl_2 \cdot 2H_2O$ 和 0.0075 mol $SbCl_3$。

（2）制备溶胶。将 $SnCl_2 \cdot 2H_2O$、$SbCl_3$ 加入 100 mL 无水乙醇，用红外加热仪升温至 79 ℃后保温，回流搅拌 4 h，得到乳白色不透明溶胶。然后在空气中敞口加热搅拌 40 min，同时蒸发溶胶体系中 30%～40% 的溶剂（无水乙醇）得到乳白色不透明溶胶。

（3）陈化。经过 200 h 陈化，得到浅黄色的透明 ATO 溶胶。

（4）烧结。将溶胶放入马弗炉中，升温速率为 2 ℃/min，在 500 ℃下焙烧 2 h。得到 ATO 粉体。

3. 透明隔热涂料的制备

将制备好的丙烯酸树脂和 ATO 粉体（ATO 粉体与丙烯酸树脂单体的质量比为 1∶100）加入超声分散仪，并加入适量的醋酸丁酯调节黏度，超声分散 60 min，得到透明隔热涂料。

4. 透明隔热涂层的制备

（1）基片处理：将经水洗干燥的基片浸泡于无水乙醇中，超声震荡 20 min，置于 70 ℃烘箱中烘干约 20 min。

（2）涂层：用毛刷将透明隔热涂料刷在玻璃基片表面，室温放置 24 h 后成膜。

5. 透明隔热涂料的表征及性能测试

1）X 射线衍射分析

X 射线衍射是一种重要的固体物相分析手段，一般只对晶体材料具有分析作用。通过分析 ATO 晶体的衍射谱可以获得 ATO 晶体材料成分的晶体结构和晶胞参数等信息。

2）激光粒度仪测试

激光粒度仪是采用散射原理，通过检测颗粒的散射谱来测定颗粒群粒度分布的专用仪器。对制得的 ATO 溶胶用纳米粒度及 Zeta 电位分析仪（ZS90）进行粒度分析，测试其粒径大小和分布。

3）扫描电子显微镜表征

扫描电子显微镜（SEM）主要用于分析材料的微观结构、表面形貌和化学成分等信息。其可以对透明隔热涂层材料的表面形貌和涂层中的 ATO 粉体的形貌进行表征。

4）紫外-可见-近红外光谱分析

此方法是根据物质分子对波长在 200～1100 nm 范围的电磁波的吸收特性所建立起来的一种定性定量和结构分析方法。在经过处理的玻璃基片上滚涂隔热透明涂料，使其干燥固化成膜,用紫外-可见-近红外光谱来表征光线的透过率。

　　将经过表面涂膜并干燥处理的玻璃基片放入泡沫的底部凹槽处,将温度计插入泡沫空腔中一定高度。然后打开红外加热仪,每隔 2.5 min 记录一次泡沫空腔中的温度,并将记录的数据绘制成曲线。通过同样的方法测定普通玻璃和朝向红外加热仪的外表面涂覆了隔热透明涂料的玻璃(朝向红外加热仪的外表面涂覆)的隔热数据。对比两次数据可得透明涂料的隔热性能。

五、注意事项

　　(1) 在聚合反应过程中,一定要在球形冷凝管中出现回流蒸汽后,再进行混合物滴加。
　　(2) ATO 粉体的制备中的(1)、(2)步要在通风橱中进行。
　　(3) 在测试隔热涂料时,隔热涂料要涂刷在玻璃朝向红外加热仪的外表面上。

六、思考题

　　(1) 在隔热涂料中添加 ATO 粉体的作用是什么?
　　(2) 请思考如将 ATO 溶胶直接均匀混入丙烯酸树脂,在玻璃表面涂膜后,该涂膜的隔热效果较此法制得的涂膜的隔热效果是好还是差?

第六章　日用蜡制品

实验 50　蜡烛的制作

一、实验目的

(1) 了解蜡烛的配制原理和各组分的作用。
(2) 掌握蜡烛的配制方法。

二、实验原理

蜡烛是由易熔、易燃的固体物质包住一根易燃的烛芯所构成的圆柱体。制备蜡烛用的蜡原料一般以石蜡为主体。蜡烛通常用石蜡和硬脂酸制备,其基本配比是:石蜡 90%,硬脂酸 10%。优质蜡烛各组分的配比为:石蜡 60%,硬脂酸 35%,蜂蜡 5%。

硬脂酸是一种良好的石蜡蜡烛硬化剂,它能提高蜡烛的熔点,且不影响蜡烛的燃烧性质。氢化油脂也可用作石蜡的硬化剂(主要用于在玻璃罩中燃烧的蜡烛)。在蜡烛中配入地蜡、蜂蜡也可以提高蜡烛的硬度。如在配方中加入 0.6% 的地蜡可使蜡烛结晶变细。使用聚乙烯代替地蜡,能提高蜡烛的耐热性能和达到蜡液不流淌的要求,并能使蜡烛结晶变细,还有助于脱模。

通常对蜡烛的质量要求是:①在 35 ℃下不黏结、不发软、不变形;②在点燃燃烧过程中不流淌蜡液,有一定的燃烧时间,例如要求一支 100 g 左右的蜡烛能持续燃烧 4～5 h;③要求蜡烛的外表面光滑、无乳白色斑点、无油腻感等。

三、主要仪器和试剂

蜡烛机(包括熔蜡机、搅拌机、成型机)、蜡烛模具、烛芯线、烧杯(50 mL、250 mL、500 mL)、温度计(0～100 ℃,0～150 ℃)、量筒(10 mL、100 mL)。

硫酸铵溶液、磷酸溶液(质量分数为 1.6%)、硼酸溶液(质量分数为 0.1%)、石蜡、硬脂酸。

四、实验内容

1. 蜡烛配方
蜡烛配方如表 50.1 所示。

表 50.1　蜡烛配方

名　　称	质量分数/（%）
石蜡	90
硬脂酸	10

2. 烛芯药液配方

烛芯药液配方如表 50.2 所示。

表 50.2　烛芯药液配方

名　　称	溶液的质量分数/（%）
磷酸溶液	1.6
硫酸铵溶液	—
硼酸溶液	0.1

3. 烛芯的制作

蜡烛烛芯的处理很重要，蜡烛的质量与烛芯的质量密切相关。烛芯一般选用天然纤维或合成纤维制作，本实验使用的是 20 号棉纤维，其粗细、柔韧度都比较合适。

对烛芯使用的棉纱要提前进行漂白处理，将经过漂白、不含杂质的棉纱编成条。将烛芯线置于无机盐稀溶液中浸泡 2 h，取出晒干。本实验使用的无机盐溶液是质量分数为 0.1% 的硼酸溶液。经过无机盐浸泡的烛芯在燃烧时能弯曲，并可使灰烬玻璃化，不冒烟，也不会燃烧得太快。

4. 蜡烛的制作

制作蜡烛的一般过程如下。按一定的配比把石蜡和其他添加料一起放入熔蜡机中熔融混合成均匀液体，再把该混合均匀的蜡液浇入备有已处理好的烛芯的成型机中，等待冷却后脱模即可得到成品蜡烛。

五、注意事项

（1）蜡烛烛芯的粗细要适当，不能过粗，否则会导致蜡烛点燃时间短、燃烧过程中出现流蜡现象。

（2）在制作蜡烛的过程中，要全程戴手套，因为熔融蜡液的温度很高，戴手套可以避免烫伤。

（3）蜡液浇入模具之前应加热到较高的温度，蜡液浇入模具后应尽快冷却，这样有利于脱模和制出结晶细密、表面光滑的蜡烛。

六、思考题

（1）除了本实验中使用的棉纱，蜡烛烛芯还有哪些材料可以选择？

（2）石蜡和硬脂酸有哪些特性和用途？

（3）为什么经过无机盐浸泡的烛芯在燃烧时能弯曲，并使灰烬玻璃化？其中的原理是什么？

实验 51　彩色火焰蜡烛的制作

一、实验目的

（1）了解彩色火焰蜡烛的配制原理和各组分的作用。
（2）掌握彩色火焰蜡烛的配制方法。

二、实验原理

1. 主要性质

彩色火焰蜡烛是指点燃后能发出带红、绿、蓝、黄、橙等颜色火焰的蜡烛。彩色火焰蜡烛的制备方法就是在普通蜡烛中加入发色剂。

2. 配制原理

彩色火焰蜡烛的制备方法是在普通蜡烛中加入发色剂，因此，要制成具有某种颜色火焰的彩色蜡烛，必须清楚哪些金属或化合物在高温下能够激发出哪种颜色的光。常见的金属发色化合物如下。

红色：硬脂酸锶、硝酸锶、氯化锂、油酸锂；黄色：氯化钠、草酸钠、氯化钙；绿色：氧化硼、钛白粉；蓝色：铜粉、氧化铜、脂肪酸铜；紫色：氯化钾、草酸钾、氯化铯；乳白色：氧化锑、硬脂酸锌等。本实验制备的是青绿色火焰蜡烛。

在彩色火焰蜡烛的制备中，通常选用碳原子占分子质量比为 40％的尿烷（氨基甲酸乙酯）作为主燃剂。尿烷在燃烧时近乎无色，使用尿烷的不足之处是尿烷有强烈的吸湿性，其通常需要与其他燃烧组分复配使用。因此，可以代替石蜡在彩色火焰蜡烛中使用的理想主燃剂是通过大量实验调配出来的复合有机燃料。

彩色火焰蜡烛的烛芯所选用的棉线需预先经过脱脂处理。这是因为在蜡烛燃烧的过程中，主燃剂成分为复配物，并且添加有金属盐火焰发色剂等物质，燃烧时烛芯通过毛细管现象对燃烧材料的吸附与上导能力的差异性很容易造成"芯咸"，出现大量火屎结焦或形成干枝，致使火焰暗淡，甚至熄灭。烛芯的处理工艺除了脱脂处理之外，还有"削枝液"浸渍处理和氧化促进剂处理等。用这些方法处理后，烛芯就有可能更加膨松，使毛细管的吸附和上导能力增强，烛芯本身的燃烧能力提高，使结焦或干枝减少。

在彩色火焰蜡烛的制备中还经常对芯线进行脱碳、脱钙、脱钠处理，即将 100 mL 36％的盐酸、200 g 氯化铵、1 L 蒸馏水装入烧杯混合，并加入 20 号棉纤维，让其煮沸 120 min 后，加入大量蒸馏水洗涤，离心干燥后，置于由 64.2％的硫酸、17.9％的硝酸、0.1％的四氧化二氮、17.8％的水组成的 9 kg 混合酸中，在 29 ℃液温下静置 25 min，然后用蒸馏水充分洗涤，再经干燥即可得到脱碳、脱钙、脱钠处理的芯线。

三、主要仪器和试剂

蜡烛机（包括熔蜡机、搅拌机、成型机）、蜡烛模具、烛芯线、金属圆筒模型、烧杯（50 mL、

250 mL、500 mL)、温度计(0～100 ℃,0～150 ℃)、量筒(10 mL、100 mL)。

尿烷、硬脂酸、乙酸乙酯-丙烯酸甲酯共聚物、氯化铜、乙烯-醋酸乙烯共聚物、氯铂酸、三氯乙烯、硝酸纤维素、乙酸乙烯。

四、实验内容

1. 主燃剂配方
主燃剂配方如表 51.1 所示。

表 51.1　主燃剂配方

名　　称	质量分数/(%)
尿烷	95
硬脂酸	4
乙酸乙酯-丙烯酸甲酯共聚物(30:70,mol/mol)	1

2. 发色芯配方
1)发色剂-氧化促进液配方
发色剂-氧化促进液配方如表 51.2 所示。

表 51.2　发色剂-氧化促进液配方

名　　称	质量分数/(%)
氯化铜	35
乙烯-醋酸乙烯(20:80,mol/mol)共聚物	1
氯铂酸	0.005
三氯乙烯	64

2)涂覆液配方
涂覆液配方如表 51.3 所示。

表 51.3　涂覆液配方

名　　称	质量分数/(%)
硝酸纤维素	5
乙酸乙烯	95

3. 配制
该配方将烛芯分为燃烧芯和发色芯两个部分,燃烧芯部分负责吸附主燃剂燃烧,发色芯部分吸附发色剂在燃烧环境下发色。具体制备方法如下。

(1)发色芯的制备。使经过脱钙/钠处理的 0.02 g/m 的棉线在发色剂-氧化促进液中浸泡,干燥后再在涂覆液中浸泡。

(2)燃烧芯的制备。将 18 根 20 号棉纤维捻成芯线,经脱钙、脱钠处理后,再涂发色剂-氧化促进液,干燥后再于 52 ℃的尿烷中浸渍一次,干燥即可。

(3)将发色芯以 40 mm 的螺距缠绕于燃烧芯上,作为烛芯,缠绕时应与芯材捻合方向相反。

（4）于内径 8 mm、长 100 mm 的金属圆筒模型中,将制得的烛芯插入模底中央,并将其固定,封好结口。再将主燃剂各组分混合后加热至 75 ℃,熔融后注入模中,在室温下固化即得成品。

五、注意事项

（1）发色剂能否均匀地融合到主燃剂中是决定彩色火焰蜡烛质量的主要问题之一。如果融合不均,就会出现如下几种情况:①在某一段火焰燃烧时间里,没有出现应该显现的彩色火焰;②燃烧不稳定,一会儿出现有颜色的火焰,一会儿出现没有颜色的火焰;③金属盐无法完全燃烧而滞留在烛芯上结焦,导致不能继续引燃,火焰渐暗,甚至熄灭。

（2）彩色火焰蜡烛的烛芯所选用的棉纤维需预先经过脱脂处理。

六、思考题

（1）为什么要对烛芯选用的棉纤维预先进行脱脂处理? 有何好处?

（2）简述尿烷的特性和用途。

（3）尝试配制出理想主燃剂,也就是可以代替石蜡的复合有机燃料。

第七章　食品与生活用品及其添加剂

实验 52　从红辣椒中分离红色素

一、实验目的

学习用薄层层析和柱层析方法分离和提取天然产物的原理以及实验方法。

二、实验原理

天然产物(natural substances)指的是从天然动、植物体内衍生出来的有机化合物。事实上,有机化学本身就是源于对天然产物的研究。19世纪初,人们一直认为只有在生命体内才能产生有机化合物。因此,当时的有机化学家对天然产物表现出非常浓厚的兴趣就不足为怪了。在那些形形色色的天然产物中,有的可用作染料,有的能用作香料,有的甚至具有神奇的药效,如中药黄连可以治疗痢疾和肠炎,麻黄可以抗哮喘,金鸡纳树皮可医治疟疾。仅就这些具有各种药理活性的天然产物,就足以唤起有机化学家的探究热情。为什么这些天然产物具有各种各样的作用? 这些天然产物的结构是什么样的? 如何分离和提纯? 如何人工合成? 这些问题都是有机化学家所关注的焦点。不过在研究天然产物的过程中,首先要解决的是天然产物的提取与纯化。如何提取和纯化天然产物呢? 常用的方法有:溶剂萃取、水蒸气蒸馏、重结晶及层析等。

溶剂萃取主要依照"相似相溶"的原则,采取适当的溶剂进行提取。通常,油脂、挥发性油等弱极性成分可用石油醚或四氯化碳提取;生物碱、氨基酸等极性较强的成分可用乙醇提取。一般情况下,用乙醇、甲醇或丙酮就能将大部分天然产物提取出来。多糖和蛋白质等成分则可用稀酸水溶液浸泡提取。用这些方法所得提取液多为多组分混合物,还需结合其他方法(如重结晶或蒸馏等)加以分离、纯化。

水蒸气蒸馏法主要用于不溶于水且具一定挥发性的天然产物的提取,如萜类、酚类及挥发性油类化合物的提取。

除了以上方法外,各种色谱法也已越来越广泛地用于天然产物的分离和提纯,如纸层析法、柱层析法、气相色谱法、高压液相色谱法等。

在提取过程中,人们十分关注如何提高提取效率,并保证被提取组分的分子结构不受破坏。最近发展起来的超临界流体萃取技术就能很好地解决这个问题。超临界流体是介于气液之间的一种物理状态,例如超临界二氧化碳,其在室温下对许多天然产物均具良好的溶解性。当完成对组分的萃取后,二氧化碳易于除去,从而使被提取物免受高温处理,这特别适合于处理那些易氧化、不耐热的天然产物。

可对分离、纯化后的天然产物用红外、紫外、质谱或核磁共振谱等波谱技术进行分子结构分析。

红辣椒含有多种色泽鲜艳的天然色素,其中,呈深红色的色素主要由辣椒红脂肪酸酯和少量辣椒玉红素脂肪酸酯组成,呈黄色的色素则是 β-胡萝卜素。

三、主要仪器和试剂

圆底烧瓶(25 mL)、研钵、回流冷凝管、普通漏斗、定性滤纸、层析缸、烧杯(25 mL)、带活塞的层析柱、广口瓶(200 mL)、玻璃棒、玻璃棉、试管、旋转蒸发仪。

干燥红辣椒 1 g、二氯甲烷、硅胶 G(200～300 目)10 g、沸石。

四、实验内容

在 25 mL 的圆底烧瓶中放入 1 g 干燥并研细的红辣椒和 2 粒沸石,加入 10 mL 二氯甲烷,装上回流冷凝管,加热回流 20 min。待提取液冷却至室温,过滤,除去不溶物,蒸发滤液,收集色素混合物。

注意:蒸发操作应在通风橱中进行。

以 200 mL 广口瓶作薄板层析槽、二氯甲烷作展开剂。取极少量色素粗品置于小烧杯中,滴入 2～3 滴二氯甲烷使之溶解,并在一块 3×8 cm² 的硅胶 G 薄板上点样,然后置入层析槽进行层析。计算每一种色素的 R_f 值。

在层析柱(直径 1.5 cm、长 30 cm)的底部垫一层玻璃棉(或脱脂棉),用以衬托固定相。用一根玻璃棒压实玻璃棉,加入二氯甲烷(洗脱剂)至层析柱的 3/4 高度。打开活塞,放出少许溶剂,用玻璃棒压除玻璃棉中的气泡,再将 10 mL 二氯甲烷与 10 g 硅胶 G 调成糊状,将糊状物通过大口径固体漏斗加入柱中,边加边轻轻敲击层析柱,使吸附剂装填致密。然后,在吸附剂上层覆盖一层细砂。

打开活塞,放出洗脱剂,直到液面降至硅胶上层的砂层表面,关闭活塞。将色素混合物溶解在约 1 mL 二氯甲烷中,然后用一根较长的滴管将色素中的二氯甲烷溶液移入柱中,轻轻注在砂层上,再打开活塞,待色素溶液液面与硅胶上层的砂层表面平齐时,缓缓注入少量洗脱剂(其液面高出砂层表面 2 cm 即可),以保持层析柱湿润。当再次加入的洗脱剂不再带有色素颜色时,就可将洗脱剂加至层析柱最上端。在层析柱下端用试管分段接收洗脱剂,每段收集 2 mL。用薄层层析法检验各段洗脱剂,将相同组分的接收液合并,用旋转蒸发仪蒸发浓缩,收集红色素。

对所得红色素样品作红外光谱分析,并与图 52.1 作比较。

五、思考题

(1) 在层析过程中有时会出现"拖尾"现象,这一般是由什么原因造成的? 这对层析结果有何影响? 如何避免"拖尾"现象?

(2) 层析柱中有气泡会给分离操作带来什么影响? 如何去除气泡?

(3) 分析红色素的红外光谱图,从中可以获得有关分子结构的哪些信息?

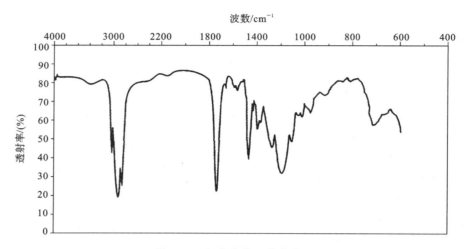

图 52.1　红色素的红外光谱图

实验 53　化学发光物质——鲁米诺的合成

一、实验目的

学习和掌握制备化学发光物质——鲁米诺的实验原理和方法。

二、实验原理

化学发光物质是一类比较特别的精细化学品,它具有独特的光化学性能。在某些引发剂的激活作用下,化学发光物质可发生一系列的化学反应,物质内部的化学能迅速转变为光能,伴随着反应发出持续的亮光。若在反应体系中有选择地添加不同种类的荧光染料和溶剂,则可能改变化学发光的颜色和亮度,甚至可以在短时间内发出荧光灯般明亮的光芒。因此,这类精细化学品在日用化工和装饰材料等方面有广阔的应用前景。

常用的化学发光材料有草酸酯类和氨基苯二甲酰肼类,本实验选择后一类化合物中的3-氨基邻苯二甲酰肼(又称鲁米诺,Luminol)为合成的目标产物,并对其发光性能进行检验。以 3-硝基邻苯二甲酸为原料,让其与肼反应,生成中间产物 3-硝基邻苯二甲酰肼,再把分子中的硝基还原为氨基,即得到化学发光物质——鲁米诺。涉及的反应如下:

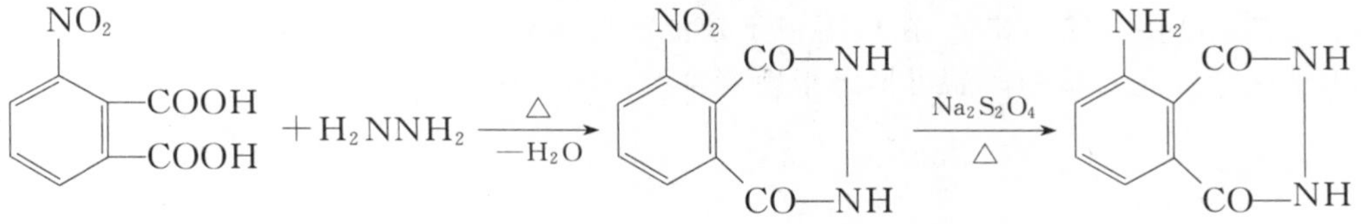

三、主要仪器和试剂

温度计、回流冷凝管、三口烧瓶(100 mL)、循环水真空泵、布氏漏斗、烧杯(200 mL)、玻璃棒、三角瓶(100 mL)。

3-硝基邻苯二甲酸(4 g,0.019 mol)、10％的肼水溶液(6 mL,0.019 mol)、二甘醇(10 mL)、10％的氢氧化钠溶液(20 mL)、二水合连二亚硫酸钠(12 g,0.057 mol)、冰醋酸(8 mL)、氢氧化钾粉末(3～5 g)、二甲基亚砜(20 mL)、沸石。

四、实验内容

本实验要在通风橱中进行。

向装有温度计(浸入液面)和回流冷凝管的 100 mL 三口烧瓶中加入 4 g(0.019 mol) 3-硝基邻苯二甲酸和 6 mL (0.019 mol)10％的肼水溶液,小火加热使固体慢慢溶解,放置冷却。向反应瓶内加入 10 mL 二甘醇和数粒小沸石,将其改装为连接循环水真空泵的减压蒸馏装置,缓慢升温并同时小心地打开水泵,将瓶内的水蒸气慢慢抽走,逐步升温至约 210 ℃,保持温度不变,反应 10 min。停止加热,降温至约 80 ℃时趁热将反应瓶内的物料转移至 200 mL 的烧杯中,加入 60 mL 60~70 ℃ 的热水,搅匀,静置,冷却结晶,抽滤,得到黄色的中间产物(3-硝基邻苯二甲酰肼)。

向装有中间产物的烧杯中加入 20 mL 10% 的氢氧化钠,搅拌溶解。再加入 12 g(0.057 mol)二水合连二亚硫酸钠,加热至沸腾,反应 10 min,此期间用玻璃棒间歇搅拌。反应完毕,降温至 50~60 ℃,加入 8 mL 冰醋酸进行酸化。静置,冷却结晶,抽滤,干燥,得到约 2 g 土黄色的晶体(鲁米诺),产率约为 60%,熔点为 319~320 ℃。

向干燥的 100 mL 三角瓶中依次加入 3~5 g 氢氧化钾粉末、20 mL 二甲基亚砜和 0.2 g 经过抽滤并略含水分的鲁米诺(若用干燥的产品,要加 1~2 滴水),剧烈摇动三角瓶片刻,将瓶置于暗处可看到瓶内发出蓝白色的光。发光一般可持续 0.5 h,其亮度随摇动力度的增大和时间的增加而增强。

五、注意事项

(1) 3-硝基邻苯二甲酸是白色或浅黄色的晶体,不溶于水而溶于醇、醚或苯等有机溶剂中。由于其能与碱反应生成盐,故它可溶于碱的水溶液中。

(2) 无水的肼不容易获得和保存,市售的肼有一水合物和二水合物,也有含肼 35%、51% 和 85% 的水溶液。本实验所用的 10% 的肼水溶液可借助市售产品进行配制。

(3) 二水合连二亚硫酸钠($Na_2S_2O_4 \cdot 2H_2O$)俗称保险粉,其为白色粉末,是较强的还原剂。要注意选用未被氧化的、干燥的产品,储存时应避免受潮和长时间暴露在空气中。

(4) 产品可在空气中晾干、在烘箱中于较低温度下烘干或置于表面皿上用蒸气浴加热干燥。用于化学发光实验的产品可不经干燥就直接使用。

实验 54　酞菁蓝 B 的合成

一、实验目的

（1）掌握酞菁蓝 B 的合成原理和合成方法。
（2）了解酞菁蓝 B 的性质和用途。

二、实验原理

1. 主要性质和用途

酞菁蓝 B（blue phthalocyanine B），又名酞菁蓝、粗酞菁蓝、4352 酞菁蓝 B、酞菁蓝 PHBN、4402 酞菁蓝、铜酞菁，其结构式为

酞菁蓝为带红光的深蓝色粉末，其是不稳定的 α 型铜酞菁颜料，不溶于水、乙醇和烃类，溶于浓硫酸（呈橄榄色溶液，稀释后呈蓝色沉淀）。其色泽鲜艳，耐晒、耐热性好，着色力强。工业上制得的粗酞菁蓝结晶属 β 型，β 型物质缺乏蓝绿色调的着色力，因此要用硫酸处理 β 型物质，使之成为 α 型物质。

酞菁蓝主要用于印刷油墨、印铁油墨、油漆、水彩和油彩颜料的制备，以及橡胶、塑料制品等的着色。

2. 合成原理

以三氯化苯为溶剂、钼酸铵为催化剂，由邻苯二甲酸酐与尿素及氯化亚铜进行缩合，用水蒸气蒸馏回收三氯化苯，经压滤、漂洗制得粗酞菁蓝，然后经酸、碱液处理，经过滤、研磨、后处理等过程可制得产品。涉及的反应如下：

$$+NH_3 \xrightarrow[170\,℃,\,2\,h]{PhCl_3,\,CuCl} +H_2O$$

$$+NH_3 \xrightarrow[205\,℃]{PhCl_3,\,(NH_4)_2MoO_4,\,CuCl} +H_2O$$

$$\xrightarrow[205\,℃,\,4\sim5\,h]{PhCl_3,\,(NH_4)_2MoO_4,\,CuCl}$$

三、主要仪器和试剂

四口烧瓶(250 mL)、球形冷凝管、电动搅拌器、滴液漏斗(60 mL)、量筒(100 mL)、蒸馏烧瓶(250 mL)、温度计(0～100 ℃,0～300 ℃)、吸滤瓶(500 mL)、布氏漏斗、玻璃水泵、烧杯(200 mL)、研钵、蒸发皿(100 mL)、托盘天平、三口烧瓶。

氨水、三氯化苯、苯酐、尿素、氯化亚铜、钼酸铵、硫酸、二甲苯、氢氧化钠溶液。

四、实验内容

1. 缩合

将 80 g 三氯化苯加入四口烧瓶中,在搅拌下依次加入 15 g 苯酐和 10 g 尿素,升温至 160 ℃,保温反应 1.5 h,升温至 170 ℃,再加入 10 g 尿素和 3.5 g 氯化亚铜,保温反应 2 h 后再加入 0.2 g 钼酸铵,继续缓慢升温至 205 ℃,保温反应 5 h。反应完后将反应物移入蒸馏烧瓶中,加 12 mL 质量分数为 30%的氢氧化钠溶液,加热蒸出三氯化苯。再用水漂洗 6 次(总水量为 100 mL),至洗液 pH 值为 7～8,继续蒸净。将反应物倒入蒸发皿中,于(95±2)℃下干燥后即得粗酞菁蓝。

2. 精制

于三口烧瓶中加入 38 mL 硫酸(质量分数为 98%),温度保持在 25 ℃,在搅拌下加入 10 g 粗酞菁蓝,在 40 ℃下保温搅拌 2 h。然后加入 2.5 g 二甲苯,升温至 70 ℃,保温 20 min。用总量为 400 mL 的水分三次洗涤,过滤后再用氨水中和,使 pH 值为 8~9,搅拌 10 min,再过滤、水洗至无硫酸根为止。将滤饼干燥、研磨后即为成品,称重,并计算产率。

五、注意事项

(1) 三氯化苯有毒,回流和蒸馏时不可逸出。
(2) 洗涤、过滤粗品时注意防止产品流失,以免影响产率。

六、思考题

(1) 简述酞菁蓝的合成原理,并写出合成反应的化学方程式。
(2) 粗酞菁蓝精制时,加入硫酸和二甲苯的目的是什么?

实验 55　Mg(OH)₂ 微胶囊的制备

一、实验目的

（1）了解微胶囊的作用原理和制备原理。

（2）以氧化镁为芯材料，以不同的高分子材料为壳材料进行微胶囊的制备。根据不同壳材料的性能设计相应的微胶囊制备工艺。

二、实验原理

1. 微胶囊简介

近些年来，微胶囊技术越来越受到人们的重视，并已深入应用到医药、农业和化妆品等领域。微胶囊技术开始于 20 世纪 50 年代，1954 年美国现金出纳机（NCR）首次向市场投放了利用微胶囊技术制备的第一代无碳复写纸，并开创了微胶囊技术应用的新时代。几十年来，微胶囊技术得到了迅速发展，许多微胶囊合成技术的新专利相继出现，相关人员对微胶囊技术的理论研究也在不断深入。微胶囊的应用范围已从最初的无碳复写纸扩展到药物、食品、农药、涂料、油墨、黏合剂、化妆品、洗涤剂、感光材料和纺织等行业，逐步引起世界的广泛关注。

微胶囊技术是一种利用天然或合成的成膜材料把固体、液体或气体包裹以形成微小粒子或微型容器的技术，得到的微小粒子或微型容器叫作微胶囊。我们把包在微胶囊内部的物质称为囊芯或芯材。囊芯可以是液体，也可以是固体或气体，囊芯可以由一种或多种物质组成。微胶囊外部由成膜材料形成的包覆膜称为壁材或囊壁。壁材通常是天然或合成的高分子材料，也可用无机化合物。根据囊芯的性质、用途不同，可采用一种或多种壁材进行包覆。

2. 微胶囊的作用

（1）隔离性。形成微胶囊后，囊芯被包覆而与外界环境隔离，它的性能毫无影响地被保留下来，可免受外界湿度、氧气、紫外线等因素的影响，不会变质。

（2）缓释性。如果选用的壁材对芯材具有半透性，则囊芯可以通过溶解、渗透、扩散等过程，透过囊壁释放出来，而释放速度又可通过改变壁材的化学组分、厚度、孔径及形态结构等加以控制。具有控制释放速度功能的微胶囊在医药、农药、香水等领域应用性强。

（3）压敏性。适当调节壁材的物理强度，使其在大于某一压力时破裂，则囊芯物质可被释放出来，遇到显色剂会发色。

（4）热敏性。选择适当的热塑性聚合物作壁材，在一定的温度下，胶囊壁材软化或破裂，目的物暴露出来与外界发生反应。也可用不同的壁材和芯材制备出会因温度改变而发生重排或几何异构体颜色变化的可逆热变色微胶囊。

（5）光敏性。由于照射光的波长不同，芯材中的光敏物质选择吸收特定波长的光，其发生感光而产生相应反应或变化。

（6）热膨胀性。壁材为具有一定热塑性的高气密性物质，芯材为低沸点易挥发的溶剂，在一定的温度下，微胶囊内含的溶剂会汽化，产生足够的内压力使壁材膨胀，冷却后胶囊依旧维持膨胀后的状态。

3. 微胶囊的制备方法

微胶囊的制备方法从原理上大致分为化学方法、物理方法和物理化学方法三类,包括相分离法、聚合反应法、机械法等。

本实验使用相分离法制备 PE-$Mg(OH)_2$ 微胶囊。

三、主要仪器和试剂

恒温水浴锅、磁力搅拌器、烧杯、温度计、摄像显微镜、精密电子天平、精密酸度计、研钵、三口烧瓶。

$Mg(OH)_2$、油酸、NaOH、PE、二甲苯、十六醇、PVA、十二烷基硫酸钠、氯化钠。

四、实验内容

1. 有机化 $Mg(OH)_2$ 的制备

(1) 将 0.21 g 油酸加入 10 mL 水中,加入一定量的 NaOH 使之溶解(A 液)。

(2) 称取 10 g 固体 $Mg(OH)_2$(粒度为 125 目)分散于水中(B 液)。

(3) 将 A 液加入 B 液,升温至 60 ℃,反应 2 h。降温,过滤,在 70 ℃下干燥,用研钵粉碎待用($Y_{Mg(OH)_2}$)。

2. $Mg(OH)_2$ 微胶囊的制备

(1) 在三口烧瓶中,将 5 g PE 在 80 ℃下溶于 35 mL 二甲苯中,加入 0.2 g 十六醇,溶解完全后,加入 1.5 g $Y_{Mg(OH)_2}$,充分分散(C 液)。

(2) 另取一个烧杯,量取去离子水 100 mL,加入 1 g PVA,在 90 ℃下完全溶解,然后加入 0.35 g 十二烷基硫酸钠和 0.17 g 氯化钠,溶解后保温待用(D 液)。

(3) 在强烈搅拌下,将 D 液以较快的速度加入 C 液,充分分散 10 min,将体系降温至室温,过滤,在 70 ℃下干燥即得产品。

3. 产品分析

(1) 计算包埋率。称量产品重量(M_1),则

$$包埋率 = \frac{M_1 - 5}{1.5} \times 100\%$$

(2) 使用摄像显微镜观察、照相,分析成品的表面形态及尺寸大小。

(3) 测试包埋效果。用去离子水洗涤一定量的产品,再将产品放入新的去离子水中,间隔一定时间测量 pH 值的变化。

五、思考题

(1) 微胶囊有哪些类型?

(2) 微胶囊的作用是什么?

实验 56　从植物废弃物中提取果胶

一、实验目的

（1）掌握从甜菜渣、橘皮等植物废弃物中提取果胶的原理和方法。
（2）了解果胶的主要性质和用途。

二、实验原理

1. 果胶的性质和用途

果胶（pectin）属多糖类植物胶，以原果胶的形式存在于高等植物的叶、茎、根等的细胞壁内，与细胞黏合在一起，与水溶性果胶和纤维素结合成不溶于水的成分。未成熟的水果的细胞壁中有原果胶存在，因此其组织坚实。随着果实不断生长、成熟，原果胶在酶的作用下分解为（水溶性）果胶酸和纤维素。果胶酸再在酶的作用下继续分解为低分子半乳糖醛酸和 α-半乳糖醛酸，原果胶含量逐渐减小，果皮不断变薄、变软。原果胶在水和酸中加热，可分解为水溶性果胶酸。果胶在果实及叶中的含量较多。在成熟水果的果皮和苹果渣、甜菜渣中都有20%～50%的果胶。

各种果实、果皮中的原果胶，通常以部分甲基化了的多缩半乳糖醛酸的钙盐或镁盐形式存在，经稀盐酸水解，可以得到水溶性果胶，即多缩半乳糖醛酸的甲酯。果胶的基本化学组成是半乳糖醛酸，基本结构是 D-吡喃半乳糖醛酸以 α-1,4-糖苷键连接的长链，通常以部分甲酯化状态存在，其结构式为

果胶水解时，产生果胶酸和甲醇等，反应式为

$$C_{41}H_{60}O_{36} + 9H_2O \longrightarrow 2CH_3OH + 2CH_3COOH + C_5H_{10}O_5 + C_6H_{12}O_6 + 4C_6H_{10}O_7（果胶酸）$$

果胶是高分子聚合物，可从植物组织中分离、提取出来，其相对分子质量为 5 万～30 万，其为淡黄色或白色的粉末状固体，味微酸，能溶于 20 倍水中生成黏稠状液体，不溶于酒精及一般的有机溶剂。若先用酒精、甘油或糖浆等浸润果胶，则其极易溶于水中。果胶在酸性条件下稳定，但遇强酸、强碱易分解，在室温下可与强碱作用生成果胶酸盐。

果胶具有良好的胶凝化和乳化作用，在食品工业、医药工业和轻工业中有广泛的用途。它可以用于制备低浓度果酱、果冻及胶状食品；也可用作饮料、乳品、巧克力和糖果等食品中的添加剂；还可用作冷饮食品的稳定剂。在医药上果胶可用作金属解毒剂或用于防止血液凝固、肠出血等。在纺织工业中，其是一种良好的乳化剂。在轻工业中，其可用来制造化妆品，并可用作油和水之间的乳化剂。

2. 提取原理

果胶分子中的部分羧基很容易与钾、钠、铜或铵离子反应生成盐。根据这一特性,可先将果胶溶液调至一定 pH 值,再将金属盐加入溶液,使其与果胶中的羧基反应生成果胶盐。由于果胶盐不溶于水,其便在溶液中沉淀出来。经分离后,用酸将金属离子置换出来,金属离子由于形成氯化物而溶于水中。另外,果胶能溶解于水成为乳浊状胶体溶液,因此可在稀酸加热条件下,将果胶转化为水溶性果胶,利用果胶不溶于乙醇的特性,在果胶液中加入适量乙醇,果胶即可沉淀析出。相比之下,后一种方法较为简单,其涉及的提取过程主要包括两个分过程:用稀酸从橘皮、甜菜渣等中浸提出果胶(即原果胶向水溶性果胶转化);可溶性果胶向液相转移,进而在液相中浓缩、沉降和干燥。沉降可以采用乙醇沉析法或金属电解质盐沉析法。

提取果胶的工艺流程为:干渣复水→煮沸去霉→漂洗沥干 $\xrightarrow{稀酸}$ 抽提→过滤 $\xrightarrow{稀酸}$ (成盐→水洗抽滤→分解)→沉析→分离→纯化→脱水干燥→成品。

三、主要仪器和试剂

三口烧瓶、抽滤瓶、真空水泵、烧杯(250 mL、500 mL)、表面皿、球形冷凝管、温度计(0～200 ℃)、台秤、真空干燥箱、水浴锅、漏斗、定性滤纸、烘箱、pH 计、移液管、研钵、容量瓶(250 mL、500 mL)、滴定管。

橘皮(或甜菜渣)、盐酸(质量分数为 36%)、浓氨水、乙醇(质量分数大于 95%)、NaOH 溶液(0.1 mol/L)、蔗糖、柠檬酸溶液、氯化钙溶液(质量分数为 11.1%)、硝酸银(质量分数为 2%)、EDTA 标准液(0.02 mol/L)、钙指示剂、醋酸溶液(约为 1 mol/L,16 mL 质量分数为 36% 的醋酸与 84 mL 水混合)。

四、实验内容

1. 果胶的提取

粗称橘皮(或甜菜渣)约 20 g,放入 250 mL 的烧杯中,加入约 100 mL 去离子水,在 45 ℃下浸泡 45 min 后,煮沸 5 min,将大部分水沥出后,用清水漂洗 3～4 次,滤干,置于表面皿上,在 80 ℃烘箱中烘干。

准确称取 15 g 干燥后的橘皮,加入盛有 400 mL pH 值为 1.5 的盐酸溶液的三口烧瓶中,于 80 ℃下提取 2 h。将上述提取液转入抽滤瓶中,用水泵进行抽滤(若杂质太多,可少加些硅藻土)。滤液用浓氨水调节至中性后,放入真空干燥箱中,将溶液浓缩至 80 mL 左右,在搅拌下向其中缓慢滴加 80 mL 乙醇,得絮状物。静置后抽滤,用乙醇反复洗数次。将滤饼置于表面皿中,于 40～50 ℃下烘干,计算收率。

2. 果胶的检测

1) 果胶的鉴定

取试样 0.4 g,加水 30 mL,加热并不断搅拌,使其完全溶解。加蔗糖 35.6 g,继续加热浓缩至 54.7 g,倒入含有 0.8 mL 质量分数为 12.5% 的柠檬酸溶液的烧杯中,冷却后即呈现柔软而有弹性的胶冻(高脂果胶)。

2）果胶含量的测定

称取 0.45～0.50 g 干样品于 250 mL 烧杯中，加水约 150 mL，边搅拌边在 70～80 ℃水浴中加热，使之完全溶解。冷却后将其移入 250 mL 的容量瓶中，用水稀释至刻度，充分摇匀。

吸取制备的样品溶液 25 mL 于 500 mL 烧杯中，加入 100 mL 0.1 mol/L 的氢氧化钠溶液，放置 30 min，使果胶皂化，加入 50 mL 1 mol/L 的醋酸溶液，5 min 后加入 50 mL 质量分数为 11.1%的氯化钙溶液，搅拌，放置 30min，煮沸约 5 min，立即用定性滤纸过滤，用沸水洗涤沉淀，直至滤液对硝酸银不起反应为止，将滤纸上的沉淀用沸水冲洗于锥形瓶中，加入 5 mL 质量分数为 10%的氢氧化钠溶液，用小火加热使果胶酸钙完全溶解，冷却，加入 0.4 g 钙指示剂，用 0.02 mol/L 的 EDTA 标准液滴定，溶液由紫红色变为蓝色为终点。果胶含量的计算公式为

$$w(果胶酸) = \frac{V \times c \times 40.08 \times 92}{8} \times m \times 100\%$$

五、注意事项

（1）实验中需使用去离子水，以利于果胶的萃取。

（2）实验中应严格控制酸提取时的 pH 值为 1.5～2.5。

（3）浓缩处理时，温度不宜超过 40 ℃。

六、思考题

（1）为什么果胶的提取温度不宜过高（不超过 100 ℃）？

（2）酸液的 pH 值是否会对果胶产量和质量产生影响，为什么？

实验 57　邻苯二甲酸二丁酯（增塑剂）的合成

一、实验目的

（1）学习酯化反应的原理和实验方法，尤其要掌握在可逆反应中如何使平衡正向移动。

（2）学习油水分离器的使用方法，巩固减压蒸馏操作技术。

二、实验原理

在塑料和橡胶制造中，通常要用到增塑剂。增塑剂是一类能增强塑料和橡胶柔韧性和可塑性的有机化合物。没有增塑剂，塑料就会发硬、变脆。常用的增塑剂有邻苯二甲酸二丁酯（dibutyl phthalate）、邻苯二甲酸二辛酯、磷酸三辛酯、癸二酸二辛酯等。

本实验将要制备的邻苯二甲酸二丁酯是广泛应用于乙烯型塑料中的一种增塑剂。它可以通过邻苯二甲酸酐（简称苯酐）与过量的正丁醇在无机酸催化下发生反应而制得。事实上，邻苯二甲酸二丁酯的形成经历了两个阶段。首先是苯酐与正丁醇作用生成邻苯二甲酸单丁酯，虽然反应产物是酯，但实际上这一步反应属酸酐的醇解。由于酸酐的反应活性较高，醇解反应十分迅速。当苯酐固体于丁醇中受热全部溶解后，醇解反应就完成了。新生成的邻苯二甲酸单丁酯在无机酸催化下与正丁醇发生酯化反应生成邻苯二甲酸二丁酯。相对于酸酐的醇解而言，第二步酯化反应就困难一些。因此，在苯酐的酯化反应阶段，通常需要提高反应温度，延长反应时间，以促进酯化反应。

酯化反应是一个平衡反应，为使平衡正向移动，一方面可以增加苯酐的投入量；另一方面还可以利用共沸蒸馏除去生成的水，从而提高酯的产率。

正丁醇和水可以形成二元共沸混合物，沸点为93 ℃，含醇量为56％。共沸物冷凝后积聚在油水分离器中，并分为两层，上层主要是正丁醇（约含20.1％的水），可以流回到反应瓶中继续反应，下层为水（约含7.7％的正丁醇）。

实验涉及的反应式为

三、主要仪器和试剂

电热套、三口烧瓶（125 mL）、温度计（0～200 ℃）、油水分离器、回流冷凝管、克氏蒸馏瓶（50 mL）、分液漏斗（125 mL）、循环水真空泵、油真空泵。

邻苯二甲酸酐(10 g,0.067 mol)、正丁醇、浓硫酸、碳酸钠(5%,15 mL)、饱和食盐水(30~45 mL)。

四、实验内容

在 125 mL 的三口烧瓶上配置温度计、油水分离器及回流冷凝管(参见图 57.1),温度计应浸入反应混合物液面下,油水分离器中另加几毫升正丁醇,使液面与支管口平齐,以便使冷凝下来的共沸混合物中的原料能及时流回反应瓶。依次将 10 g 邻苯二甲酸酐、19 mL 正丁醇、4 滴浓硫酸及几粒沸石加入反应瓶中,摇动反应瓶使之混合均匀,然后以小火加热。

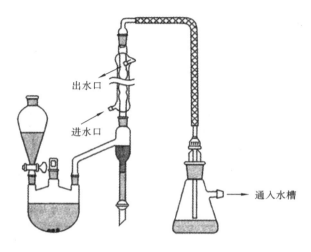

出水口

进水口

通入水槽

图 57.1　实验装置

注意:苯酐对皮肤有刺激作用,称取时应避免用手直接接触。

不断地摇动烧瓶,约 10 min 后,邻苯二甲酸酐固体全部消失,这意味着苯酐醇解反应结束。逐渐加大火焰,使反应混合物沸腾。不久自回流冷凝管流入油水分离器的冷凝液中的水珠沉入油水分离器积液支管底部;同时上层正丁醇冷凝液又流回反应瓶中。随着反应的不断进行,反应混合物温度逐渐升高。回流 2 h 左右,当温度升至 160 ℃时,反应结束,停止加热。

待反应混合物冷却至 70 ℃以下,将其转入分液漏斗,先用等量饱和食盐水洗涤两次,再用 15 mL 5%的碳酸钠水溶液洗涤一次,然后用饱和食盐水洗涤 2~3 次,每次 15 mL,使有机层呈中性。将有机层转入 50 mL 的克氏蒸馏瓶,先在水泵减压下蒸出正丁醇(也可以在常压下作简单蒸馏,以蒸除正丁醇),再在油泵减压下进行蒸馏,收集 180~190 ℃/1.3 kPa (10 mmHg)的馏分。称量、测折光率,并计算产率。

纯邻苯二甲酸二丁酯为无色透明黏稠液体,bp 340 ℃。

记录邻苯二甲酸二丁酯的红外光谱,并与图 57.2 作比较,其核磁共振谱如图 57.3 所示。

五、注意事项

(1) 高温下苯酐会因升华而附在瓶壁上,使部分原料不能参与反应,从而造成收率下降,因此,加热不宜太猛。

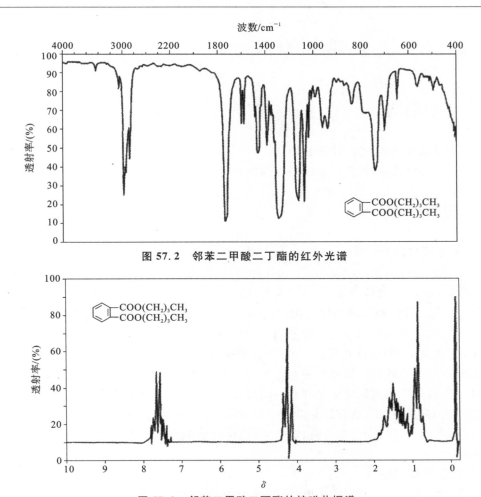

图 57.2　邻苯二甲酸二丁酯的红外光谱

图 57.3　邻苯二甲酸二丁酯的核磁共振谱

（2）如果油水分离器中不再有水珠出现，即可判断反应已至终点。当反应温度超过 180 ℃时，在酸性条件下，邻苯二甲酸二丁酯会发生分解：

（3）当温度高于 70 ℃时，酯在碱液中易发生皂化反应。因此，在洗涤时，温度不宜过高，碱液浓度也不宜过高。

（4）如果有机层没有洗至中性，在蒸馏过程中，产物将会发生变化。例如，若有机层中含有残余的硫酸，在减压蒸馏时，冷凝管中会出现大量白色针状晶体，这是由于产物发生分解反应生成邻苯二甲酸酐的缘故。

六、思考题

（1）本实验中，浓硫酸用量过多会对反应产生什么影响？

（2）苯酐与正丁醇反应时，为什么要严格控制温度？

实验 58 无机添加型阻燃剂低水合硼酸锌的制备

一、实验目的

(1) 了解低水合硼酸锌的性能和用途。
(2) 掌握用氧化锌制备低水合硼酸锌的原理和方法。

二、实验原理

1. 主要性质和用途

低水合硼酸锌(low hydrate zinc borate)的商品名称为 Firebrake ZB。本品系白色细微粉末,分子式为 $2ZnO \cdot 3B_2O_3 \cdot 3.5H_2O$,其相对分子质量为 436.64,平均粒径为 5 μm,相对密度为 2.8。它是一种无机添加型阻燃剂,具有热稳定性好,既能阻燃、又能消烟、还能灭电弧的特点。其最突出的特点是在 350 ℃的高温下,仍保持具有结晶水,这一温度高于多数聚合物的加工温度,这拓宽了 ZB 的使用范围。ZB 的折射率为 1.58,此值与多数聚合物的折射率相近,因此树脂经阻燃处理后仍可保持其原有透明度。在许多情况下,ZB 可单独作阻燃剂使用,同时它与氯、溴、氧化锑及氢氧化铝等都有协同效应,其与它们复合使用的效果更好。它与国内常用的阻燃剂氧化锑相比,具有价廉、毒性低、发烟少、着色度低等许多优点。

ZB 应用广泛,如用于 PVC 薄膜、墙壁涂料、电线电缆、输送皮带、地毯、帐篷材料、纤维制品等的阻燃。

2. 制备原理和方法

低水合硼酸锌工业生产方法主要有:硼砂-锌盐合成法、氢氧化锌-硼酸合成法、氧化锌-硼酸合成法。氧化锌-硼酸合成法和另两种方法相比,具有工艺简单、易操作、产品纯度高等优点,母液可循环使用,无三废污染,实验室制备低水合硼酸锌一般都采用这种方法,其化学反应式为

$$ZnO + H_3BO_3 \longrightarrow 2ZnO \cdot 3B_2O_3 \cdot 3.5H_2O + H_2O$$

三、主要仪器和试剂

四口烧瓶(250 mL)、烧杯(250 mL、500 mL)、温度计(0～100 ℃)、抽滤瓶(500 mL)、布氏漏斗、真空泵、电动搅拌机、电热鼓风干燥箱。

氧化锌(工业级试剂或化学纯试剂,质量分数为 99%)、硼酸(工业级试剂或化学纯试剂,质量分数为 99%)、蒸馏水。

四、实验内容

(1) 量取 80 mL 水加入四口烧瓶中,在搅拌下加入 55 g 硼酸,待溶解后再加入 25 g 氧化锌,并不断搅拌,加热升温至 80～90 ℃,反应 3～4 h。

（2）冷却至室温后减压过滤，滤饼用 100 mL 水分两次洗涤。

（3）将滤饼放入烧杯，置于 110 ℃的电热鼓风干燥箱中，烘干 1 h,得白色细微粉末状晶体,即为低水合硼酸锌。

五、思考题

（1）氧化锌-硼酸合成法有哪些优点？

（2）低水合硼酸锌有哪些主要性质和用途？

实验 59　羧甲基纤维素的制备

一、实验目的

（1）学习羧甲基纤维素的制备原理及其性能和用途。

（2）掌握羧甲基纤维素的制法，以及以纤维素为代表的一类不溶性高分子多羟基化合物特殊的醚化技巧和分离方法。

二、实验原理

羧甲基纤维素是纤维素的羧甲基团取代产物，根据分子量或取代程度的不同，其可以是完全可溶的或不可溶的多聚体，后者可作为弱酸型阳离子交换剂，用以分离中性或碱性蛋白质等。羧甲基纤维素可形成高黏度的胶体，且生理无害，在食品、医药、日化、石油、造纸、纺织、建筑等领域中具有广泛应用。

羧甲基纤维素的分子结构可近似表示为

用浓碱溶液浸泡纤维素，可使一部分—OH 转变为—ONa，纤维素成为碱纤维素。碱纤维素与氯乙酸反应，便制得羧甲基纤维素钠：

纤维素　　　　　　　　　　碱纤维素　　　　　　　　　羧甲基纤维素钠

在羧甲基纤维素分子中，平均每个结构单元引入的羧甲基数称为代替度或醚化度，简写作DS。DS 不同的产品，溶解性和黏度等性质有所不同。通常按产品的用途制取不同的 DS 产品。由于纤维素分子的每个结构单元有三个羟基，因此羧甲基纤维素的代替度最多是 3。这三个羟基被醚化的难易程度因所在位置不同而异。C_6 上的羟基易被醚化，C_2 羟基次之，C_3 羟基最难。

羧甲基纤维素的钠盐（CMC-Na）较常用，其是白色或淡黄色粉末，无味无毒，可溶于水成为透明的黏稠液体。水溶液的黏度与 pH 值、CMC 的相对分子质量有关，碱性水溶液的黏度很高。CMC-Na 不溶于醇类溶剂,因此可用醇类把它从水溶液中沉淀出来。它与水溶性胶(如动物胶、阿拉伯胶)、水溶性树脂(如脲醛树脂、三聚氰胺树脂),以及可溶性淀粉、水玻璃等的水溶液,有较好的相溶性。它有良好的乳化力和分散力,在一定程度上能将油和蜡质乳化。当 CMC-Na 溶液中有一定量的无机或有机酸性物质(pH 小于 2.5)时会产生沉淀,在含 Fe^{3+}、Ag^+、Pb^{2+} 等重金属离子的溶液中也有沉淀产生,而钙盐和镁盐只降低 CMC-Na 水溶液的黏度而不发生沉淀。

羧甲基纤维素钠盐的用途甚广,在食品工业中用作增稠剂,例如在冰淇淋、酱料、速食粉面、乳品饮料、罐头、饼干、面包等的加工制作过程中普遍应用;在纺织印染工业中用作上浆剂和乳化浆的保护胶体;在造纸工业中用作纸张表面增强剂,可增加纸张强度,改善吸墨性;在石油开采中用作泥浆稳定剂;在医药工业中用作软药膏的基料和药片胶囊的黏合剂;在陶瓷工业中用作粉料的黏结剂等。

用于制取羧甲基纤维素的纤维素可采用未变质的天然植物纤维,如棉花、竹木纸浆等。制作食品添加剂中使用的 CMC 时,应选取经过脱脂和漂白处理的棉短绒纤维。

三、主要仪器和试剂

恒温水浴锅、烧杯(200 mL、500 mL)、粗长的玻璃钉、玻璃棒、温度计。
脱脂棉(医用棉花)、35%的氢氧化钠、乙醇、氯乙酸、酚酞指示剂、盐酸。

四、实验内容

将 10 g 脱脂棉扯碎后装入 200 mL 的烧杯中,加入 80~100 mL 35%的氢氧化钠水溶液,其用量以刚好将纤维完全浸没为宜。控制温度为 30~35 ℃,浸泡 30 min,间歇地轻轻搅拌。将碱液倾出回收(供下次实验重复使用)。用粗长的玻璃钉挤压脱脂棉,回收挤出的碱液,得到碱化棉。

向烧杯中加入 8 g 氯乙酸,用 80 mL 90%的乙醇溶解后备用。将以上制得的碱化棉放入 500 mL 的烧杯内,加入 120 mL 90%的乙醇脱脂。将碱化棉搅散,然后分批加入以上配制的溶液中,边加边搅拌,并控制反应温度为 35~40 ℃,约用 1 h 加完。随后将反应混合物在 40 ℃下搅拌反应 3~4 h。在反应后期应留意取样,检查反应的终点,取出少许样品放入大试管中,加入热水振荡片刻,其能完全溶解即达到终点。

将反应混合物中的乙醇溶液全部倾出回收。向余下的醚化棉中加入 100 mL 70%的乙醇溶液,搅拌 10 min,然后加入几滴酚酞指示剂,如呈红色则用 5%的盐酸中和,直至红色刚刚消失。倾出乙醇溶液并将醚化棉压干。用 100 mL 70%的乙醇溶液洗涤(搅拌 10 min),以去除残余的无机盐。按同样的方法重复洗涤一次,抽滤,压干。所有乙醇母液均要回收。

把制得的含溶剂产物扯开,在不超过 80 ℃的温度下通风干燥,最后将其粉碎成白色粉末,即为 CMC。

五、注意事项

(1)本实验最好采用机械搅拌法,利用恒温水浴锅加热,搅拌的速度要快些,使纤维素很好地溶解。但不要搅拌得太快,避免将纤维素搅至瓶壁影响最终产物。

(2)加入脱脂棉时,不要将其一次性加入,应缓慢地加入,使其能充分地溶解。注意,不要使脱脂棉粘在瓶壁。

六、思考题

(1)纤维素含有大量的羟基,为什么纤维素不溶于水?

(2)羧甲基纤维素的主要用途是什么?

(3)纤维素的葡萄糖单元中有三个羟基,哪一个最容易与碱形成醇盐?碱浓度过大对纤维素醚化反应有何影响?

(4)二级和三级氯代烃为什么不能作为纤维素的醚化剂?

实验 60　阻燃剂四溴双酚 A 的合成

一、实验目的

（1）了解四溴双酚 A 的性质和用途。
（2）掌握四溴双酚 A 的合成原理和合成方法。

二、实验原理

1. 主要性质和用途

四溴双酚 A 的结构式为

本品为白色粉末，熔点为 179～181 ℃。理论上溴的质量分数为 58.8%。其开始分解温度为 240 ℃，当温度为 295 ℃时，其迅速分解。在加工成型时需避免超过加工温度范围。一般其加工温度范围是 210～220 ℃。其可溶于甲醇、乙醇、冰醋酸、丙酮、苯等有机溶剂中，可溶于氢氧化钠水溶液，但不溶于水。

四溴双酚 A 是具有多种用途的阻燃剂，可作为反应型阻燃剂，也可作为添加型阻燃剂。作为反应型阻燃剂可用于环氧树脂和聚碳酸酯。作为添加型阻燃剂可用于抗冲击聚苯乙烯、ABS 树脂、AS 树脂和酚醛树脂等。

2. 合成原理

将双酚 A 溶于甲醇或乙醇水溶液中，在室温下进行溴化，溴化后，再通入氯气，反应式为

将制得的产品用水洗涤，之后在离心机中除去水分，干燥即得到产品。

三、主要仪器和试剂

四口烧瓶（250 mL）、滴液漏斗（60 mL）、球形冷凝管氯化氢吸收装置、氯气钢瓶及通气装置、抽滤瓶（500 mL）、布氏漏斗、玻璃水泵、量筒（100 mL）、水浴锅、电炉、电热套、蒸发皿（100 mL）、洗耳球（大号）、烧杯（500 mL）、托盘天平、电热干燥箱。

双酚 A、液溴、乙醇、氢氧化钠溶液。

四、实验内容

在四口烧瓶中加入 40 g 双酚 A、20 g 乙醇,搅拌使其溶解,控温(25±1)℃。在搅拌下用滴液漏斗滴加 70 g 液溴,约 30 min 加完,继续搅拌 30 min,开始通氯气,反应 2 h,恒温(25±1)℃。将反应产生的氯化氢气体用质量分数为 5% 的氢氧化钠溶液吸收。

氯气通完后,保温搅拌 30 min,用洗耳球向四口烧瓶中吹气,吹掉残余的氯化氢和氯气。将产物倒入 500 mL 的烧杯中,加入 200 mL 80 ℃ 左右的热水,搅拌 30 min,放入冷水中降温至 20 ℃,冷却 30 min,抽滤,滤饼用少量冷水冲洗两次。

将滤饼放入蒸发皿中,将蒸发皿放入电热干燥箱中,于 80 ℃ 干燥 2 h,恒重后称重并计算产率。

产品的质量标准:外观为白色粉末,熔点为 178~181 ℃,挥发物的质量分数小于 0.3%,开始分解温度为 240 ℃。

五、注意事项

(1) 反应装置应密封,防止氯气和氯化氢泄漏影响环境。最好在通风橱中进行实验。

(2) 产物应用水多次洗涤,以除去溴和氯化氢等。

六、思考题

(1) 反应中为什么要通入氯气?

(2) 粗产品中含有什么杂质?如何精制除去?

第八章　精细化学品分析测试实验

实验 61　日用化学品生产用水中六价铬含量的测定

一、实验目的

（1）掌握日用化学品生产用水中六价铬的测定方法。
（2）熟悉比色法的原理及分光光度计的使用方法。
（3）了解六价铬的危害。

二、实验原理

日用化学品的质量与人们的生活息息相关，如果其生产用水中重金属含量超标，则直接威胁到人类的健康。铬（chromium）是常见的重金属元素，其广泛存在于自然界中，其自然来源主要是岩石风化，铬大多以三价的形式存在。人为污染源来自于工业含铬废渣和废水的排放，铬主要以六价化合物的形式排放，以铬酸根离子（CrO_4^{2-}）的形式存在。此外，煤和石油燃烧的废气中含有颗粒态铬。

铬在不同环境条件下有不同的价态，不同价态的铬的化学行为和毒性差异较大，如水体中三价铬可吸附在固体物质上而存在于沉积物中；六价铬则多溶于水中并可稳定存在，在厌氧条件下可还原为三价铬。三价铬的盐类可在中性或弱碱性的水中水解，析出不溶于水的氢氧化铬。环境中的三价铬与六价铬会互相转化，在酸性溶液中，将试样中的三价铬用高锰酸钾氧化成六价铬即可得总铬量。三价铬和六价铬对人体都有害，但六价铬的毒性比三价铬的高 100 倍，其是强致突变物质，可诱发肺癌和鼻咽癌，三价铬有致畸作用。

测定水中微量铬的方法较多，常用分光光度法和原子吸收法。按照国家标准，以二苯碳酰二肼（DPCI）为显色剂，在酸性溶液中，六价铬离子与二苯碳酰二肼反应，生成紫红色化合物，其最大吸收波长为 540 nm，吸光度与浓度的关系符合比尔定律。本测定方法的最低检出浓度为 0.004 mg/L，适用于水体中六价铬的检测。

三、主要仪器和试剂

分光光度计、比色皿（1 cm、3 cm）、具塞比色管（50 mL）、移液管、容量瓶等。

铬储备液（称取于 120 ℃干燥 2 h 的重铬酸钾（优级纯）0.2829 g，用水溶解，移入 1000 mL 容量瓶中，用水稀释至标线，摇匀，每毫升储备液含 0.100 μg 六价铬）、铬标准液（吸取 5.00 mL 铬储备液于 500 mL 容量瓶中，用水稀释至标线，摇匀，每毫升标准液含 0.010 μg 六价铬，使用当天配制）、二苯碳酰二肼溶液（显色剂溶液，称取二苯碳酰二肼 0.2 g，溶于 50 mL 丙酮中,加水稀释至 100 mL,摇匀,储于棕色瓶中,置于冰箱中保存,如果溶液颜色变深,则不能再使用)、硫酸溶液(H_2SO_4 与 H_2O 的比例为 1：1)。

四、实验内容

1. 标准曲线的绘制

取 8 支 50 mL 的具塞比色管,依次加入 0.00 mL、0.50 mL、1.00 mL、2.00 mL、4.00 mL、6.00 mL、8.00 mL、10.00 mL 铬标准液,分别加入 0.5 mL 硫酸溶液、2 mL 显色剂溶液,立即摇匀,用水稀释至标线。放置 5 min 后,于 540 nm 波长处,用 1 cm 或 3 cm 的比色皿测定吸光度(以空白溶液为参照),将结果计入表 61.1。

表 61.1　实验数据

标准液体积/mL	0.00	0.50	1.00	2.00	4.00	6.00	8.00	10.00
吸光度								

2. 水样的测定

取适量(六价铬含量应少于 50 μg,如果溶液浓度过大,可适度稀释)水样置于 50 mL 的比色管中,测定方法同标准液的。

3. 数据处理

以吸光度为纵坐标,六价铬含量为横坐标,绘出标准曲线。进行空白校正后根据所测吸光度从标准曲线上查得六价铬的含量,有

$$C(\text{mg/L}) = m/V$$

式中,m——从标准曲线上查得的六价铬含量(μg);

V——水样的体积(mL)。

五、注意事项

(1) 分光光度计应预热 20 min 再使用。

(2) 测定吸光度时,其数值应小于 0.8,否则应适当稀释实验溶液。

六、思考题

(1) 比色法的特点是什么?其有哪些应用?

(2) 在测定过程中为什么要保持溶液的强酸性?

实验62　茶叶提取物中咖啡因含量的测定

一、实验目的

（1）掌握茶叶提取物中咖啡因含量的定量分析方法。
（2）熟悉高效液相色谱仪器的结构和操作方法。

二、实验原理

当前茶饮料因具有一定的保健功能而非常流行，其主要的有效成分是茶叶提取物，而茶叶提取物中含有咖啡因（caffeine）。咖啡因是一种黄嘌呤生物碱化合物，有提神醒脑的作用，其是一种中枢神经兴奋剂。同样含有咖啡因成分的咖啡、可乐等软饮料及能量饮料在市场亦十分畅销，长期、大量饮用这些饮品有成瘾的趋势。此外，咖啡因也是世界上最普遍使用的精神药品之一，我国将咖啡因列为"精神药品"加以管制。

咖啡因的测定方法以高效液相色谱法为主，通过色谱柱将咖啡因与样品基体组分分离，用紫外检测器测定其含量。在高效液相色谱法中应用最为广泛的是反相色谱，即流动相的极性大于固定相的。本实验以非极性的C18键合相色谱柱、极性的甲醇/水作为流动相分离样品中的咖啡因，使用紫外检测器，以色谱峰面积为定量分析指标，计算饮料中咖啡因的含量。

三、主要仪器和试剂

高效液相色谱仪（C18反相键合相色谱柱，4.6 mm×15 cm）、微量注射器、紫外检测器（254 nm）。

流动相（甲醇与水的比例为60∶40，流速为0.5 mL/min）、储备液（配制成咖啡因含量为1000 mg/mL的甲醇溶液）、水（使用纯水机制取）、咖啡、茶叶、液态饮料。

四、实验内容

1．标准液配制

将咖啡因储备液用甲醇稀释成浓度分别为20 mg/L、40 mg/L、80 mg/L、120 mg/L、160 mg/L的标准液，备用。

2．样品处理

依据样品的不同状态，采取不同的处理方法。常用的样品处理方法如下。

（1）取100 mL液态饮料（特别是可乐等碳酸饮料）于250 mL的干燥烧杯中，超声脱气5 min，驱除其中的CO_2等气体，依其含量适当稀释。

（2）称取固态咖啡0.2500 g（准确至0.0001 g），用水溶解，定容100.0 mL，摇匀备用。

（3）称取茶叶0.3000 g（准确至0.0001 g），用30 mL水煮沸10 min，冷却后将清液转移至100 mL的容量瓶中，重复上述过程两次，定容并摇匀备用。

分别取上述试液 5 mL,用滤膜(0.22 μm)过滤,将滤液置于洁净、干燥的具塞容器中,供色谱分析使用。

3. 咖啡因含量的测定

1)色谱条件的选择

预热高效液相色谱仪并初始化系统,柱温为室温,进样量为 5 μL。

2)咖啡因标准液的测定

待基线平稳后,分别取 5 μL 浓度为 20 mg/L、40 mg/L、80 mg/L、120 mg/L、160 mg/L 的标准液,进样并测量对应的峰面积。每次测量重复两次,取平均值,绘制标准曲线。将数据填入表 62.1。

表 62.1　实验数据

咖啡因浓度	20 mg/L	40 mg/L	80 mg/L	120 mg/L	160 mg/L
峰面积 1					
峰面积 2					
平均值					

3)试液测定

取制备好的试液 5 μL,进样并测量对应的峰面积,每次测量重复两次,取平均值,并计算对应的含量。

4. 数据处理

1)绘制标准曲线

根据标准液的峰面积数据与其浓度数据,以峰面积为纵坐标,浓度为横坐标绘制标准曲线,并考查其线性关系。

2)计算样品中咖啡因的含量

根据试样咖啡因峰面积数据在标准曲线中查出其咖啡因浓度,最终换算成原始样品中咖啡因的含量。

五、注意事项

试样的进样体积可根据试样中咖啡因的含量而调整。若含量较低,可以加大进样体积,以峰形对称、峰面积数值大约位于标准曲线中值处为宜。

六、思考题

(1)高效液相色谱定量分析的依据是什么?

(2)常用的定量分析方法有哪些?

实验63　采油助剂聚丙烯酰胺胶体的合成及水解度测定

一、实验目的

（1）学习用丙烯酰胺合成聚丙烯酰胺的原理和方法。
（2）熟悉聚丙烯酰胺在碱性条件下的水解反应。
（3）掌握一种测定水解度的方法。

二、实验原理

1. 主要性质和用途

聚丙烯酰胺胶体（colloidal polyacrylamide）又称絮凝剂聚丙烯酰胺，简称 PAM，化学式为

$$\begin{array}{c} \fs{CH_2\!-\!CH}_n \\ | \\ CONH_2 \end{array}$$

本品为无色或淡黄色黏稠体，可溶于水，几乎不溶于有机溶剂。

聚丙烯酰胺是一种具有降失水、增稠、絮凝和降摩阻等功能的油田化学助剂，其在采油、钻井堵水、调剂、酸化、压裂、水处理等方面已得到广泛应用，还可用于纸张增强、纤维改生、土壤改良、树脂加工等方面。

2. 合成原理

聚丙烯酰胺是由丙烯酰胺在引发剂的作用下聚合而成的：

$$n\underset{\underset{CONH_2}{|}}{CH_2\!=\!CH} \xrightarrow{\triangle} \fs{CH_2\!-\!\underset{\underset{CONH_2}{|}}{CH}}_n$$

反应是按自由基聚合机理进行的，随着反应的进行，分子链增长，当分子链增长到一定程度后，反应体系黏度明显增大。

3. 聚丙烯酰胺的水解

聚丙烯酰胺在碱性条件下可发生水解，生成部分水解聚丙烯酰胺：

$$\fs{CH_2\!-\!\underset{\underset{CONH_2}{|}}{CH}}_n + x NaOH \xrightarrow{\triangle} \fs{CH_2\!-\!\underset{\underset{CONH_2}{|}}{CH}}_{n-x}\fs{CH_2\!-\!\underset{\underset{CONa}{|}}{CH}}_n + x NH_3 \uparrow$$

随着水解反应的进行，有氨气放出，并产生带负电的链节，使部分水解聚丙烯酰胺在水中呈伸展的构象，体系黏度增大。

4. 水解度测定

由水解反应可知，聚丙烯酰胺在水解过程中消耗的 NaOH 与生成的—COONa 的物质的量相等。故水解时定量加入 NaOH，水解完成后测定体系中剩余的 NaOH，即可计算出聚丙烯酰胺的水解度：

$$DH = \left[\frac{(A-2cV)\times 71}{wm\times 1000} \right] \times 100\%$$

式中,DH——聚丙烯酰胺的水解度;

  A——加入 NaOH 的体积(mol);

  c——硫酸标准溶液的浓度(mol/L);

  V——硫酸标准溶液的体积(mL);

  w——聚丙烯酰胺的质量分数;

  m——取出被滴定试液的质量(g)。

三、主要仪器和试剂

恒温水浴锅、酸式滴定管、分析天平、搅拌棒、托盘天平、移液管(10 mL)、烧杯(200 mL)、量筒(100 mL)、温度计(0~100 ℃)。

丙烯酰胺、质量分数为 10% 的 NaOH 溶液、过硫酸铵溶液、聚丙烯酰胺粉末。

四、实验内容

1. 聚丙烯酰胺的合成

称取 5 g 丙烯酰胺,放入 200 mL 的烧杯中,加入 45 mL 蒸馏水,得到质量分数为 10% 的丙烯酰胺溶液。在恒温水浴锅中,将上述溶液加热至 60 ℃,然后加入 15 滴质量分数为 10% 的过硫酸铵溶液,引发丙烯酰胺的聚合反应。在聚合反应过程中,慢慢搅拌,注意观察黏度的变化。30 min 后停止加热,得到聚丙烯酰胺水溶液。

2. 聚丙烯酰胺的水解

称取 2 g 聚丙烯酰胺粉末,放入 200 mL 的烧杯中,加入 150 mL 蒸馏水,并用移液管加入 4 mL 质量分数为 10% 的 NaOH 溶液,连续搅拌均匀后,称重记录。将水浴温度调至 90 ℃,使其进行水解反应。在水解过程中,慢慢搅拌,观察黏度变化,并检查氨气的放出情况,每隔 30 min 取 4.00 g 样品(准确称至 0.01 g),测定水解度。要求至少水解 2 h。

注意:第一次取样前应向反应液中加水,使溶液质量等于水解前的质量,以后每次取样前均须加水,使水解溶液的质量等于水解前的质量减去取出试样的累积质量。

五、数据处理

(1)计算测定的水解度。

(2)画出水解度-时间关系曲线。

六、思考题

(1)聚丙烯酰胺为什么在碱性条件下能发生水解?

(2)举例说明聚丙烯酰胺在油田上的应用。

(3)如何解释实验中观察到的现象?

实验 64　工业酒精中甲醇含量的测定

一、实验目的

（1）掌握气相色谱法原理和实验仪器的基本结构。

（2）熟悉气相色谱法定量分析方法。

二、实验原理

近年来，假酒中毒事件屡见报道，假酒给饮酒者的身体健康造成严重危害，致使有些人失明甚至危及生命。造假的主要手段是用价格低廉的工业酒精勾兑成饮用酒，从而获得超额利润。造成中毒的主要原因是假酒中含有过量甲醇，甲醇在肝脏中因乙醇脱氢酶的催化作用而变成蚁酸，甲醛的毒性约为甲醇的 33 倍，蚁酸的则约为其 6 倍。因此，国家标准规定：以粮食为原料酿造的白酒，甲醇含量不得超过 0.04 g/100 mL，用薯干等代用品酿造的白酒，甲醇含量不得超过 0.12 g/100 mL。甲醇含量是酒类检测中至关重要的检验项目，气相色谱法被用来检测白酒中的甲醇含量。

色谱法是利用待分离的各种物质在两相中的分配系数、吸附能力等亲和能力的不同来进行分离的。混合物中各组分在性质和结构上存在差异，与固定相之间产生的作用力的大小、强弱不同，随着流动相的移动，混合物在两相间经历多次分配平衡，使得各组分被固定相保留的时间不同，从而按一定次序于固定相中先后流出。将色谱法与适当的柱后检测方法结合，可实现混合物中各组分的分离与检测。

三、主要仪器和试剂

SP-3420A 型气相色谱仪、氢火焰离子化检测器（FID）、BP-2002 色谱工作站（北京北分瑞利分析仪器（集团）有限责任公司）、微量进样器（10 μL）、容量瓶。

无水甲醇（色谱纯）、质量分数为 60% 的乙醇溶液（应采用气相色谱法检验，确认甲醇含量低于 1 mg/L 方可使用）、甲醇标准溶液（借助质量分数为 60% 的乙醇溶液准确配出浓度为3.9 g/L 的甲醇标准溶液）、乙酸正丁酯内标溶液（借助质量分数为 60% 的乙醇溶液配出体积比为 2% 的内标溶液，进一步配出浓度为 17.6 g/L 的乙酸正丁酯内标溶液）。

四、实验内容

1. 色谱条件

按 SP-3420A 型气相色谱仪的使用手册调整载气、空气、氢气的流速等色谱条件，并通过实验选择最佳操作条件，使甲醇峰形成一个单一尖峰，内标峰和乙醇峰两峰充分分离，色谱柱柱温以 100 ℃ 为宜。

2. 校正因子 F 值的测定

准确吸取 1.00 mL 甲醇标准溶液(3.9 g/L)于 10 mL 容量瓶中,用质量分数为 60% 的乙醇溶液稀释至刻度,加入 0.20 mL 乙酸正丁酯内标溶液(17.6 g/L)配制成混合液。待色谱仪基线稳定后,用微量进样器进样 1.0 μL,记录甲醇色谱峰的保留时间和峰面积 $A_{甲醇}$,以及内标乙酸正丁酯的峰面积 $A_{内标}$,计算出甲醇的相对质量校正因子 F 值。

3. 样品的测定

于 10 mL 容量瓶中加入乙醇溶液至刻度,准确加入 0.20 mL 乙酸正丁酯内标溶液(17.6 g/L),混匀。在与测定 F 值相同的条件下进样,根据保留时间确定甲醇峰的位置,并记录甲醇峰的峰面积与内标峰的峰面积。

4. 结果计算

1)相对质量校正因子 F 值的计算

$$F = F_{甲醇}/F_{内标}$$
$$F_{甲醇} = m_{甲醇}/A_{甲醇}$$
$$F_{内标} = m_{内标}/A_{内标}$$

式中,$m_{甲醇}$、$m_{内标}$——测定校正因子的混合液中甲醇和内标物的质量。

2)用内标法公式计算含量

按照样品的测定数据,求算甲醇含量:

$$C_{甲醇} = (F \times A_{甲醇} \times m_{内标})/(A_{内标} \times V_{样品})$$

式中,$V_{样品}$——样品体积。

五、注意事项

(1)进样时,动作要快,否则可能引起色谱法扩张。
(2)实验所用试剂均应为色谱纯试剂。

六、思考题

(1)内标法定量分析的特点是什么?
(2)内标物的选择原则是什么?

实验 65　牙膏中氟含量的测定

一、实验目的

(1) 掌握电位法中标准加入法定量分析的原理及方法。

(2) 了解离子选择电极的结构及使用方法。

二、实验原理

氟(fluorine)是最活泼的非金属元素之一,自然界中不存在单质氟,氟都是以离子的形式出现。氟也是人体必不可少的微量元素,成年人平均每人每天对氟的摄入量以 3.0～4.5 mg 为宜。氟的摄入量长期超过正常需要,将导致地方性氟病;缺氟则易患龋齿病。因此,常在牙膏中添加一定量的氟化物,这对改善牙釉质、预防龋齿病有明显的作用。

测定氟离子常用的方法有氟离子选择电极法、氟试剂分光光度法、茜素磺酸锆目视比色法、离子色谱法等,首选氟离子选择电极法,该法具有仪器结构简单、便于操作、灵敏度高、响应速度快、可用于有色试样等优点,因而被广泛应用。

氟离子选择电极以氟化镧单晶为敏感膜,为提高其电导率,在氟化镧中掺杂少量氟化铕。氟离子选择电极的电位响应机制是,氟化镧单晶具有氟空穴的固有缺陷,氟离子可以在溶液和空穴之间迁移,因此电极具有良好的选择性。

测量时,以氟离子选择电极为指示电极,饱和甘汞电极为参比电极,与被测溶液组成下列原电池:

$$(-)氟离子选择电极 | 含氟试液(a_{F^-}) | 饱和甘汞电极(+)$$

饱和甘汞电极的电极电势 E_0 为常数,氟离子选择电极的电极电位 E_{F^-} 随溶液中氟离子活度 a_{F^-} 的变化而改变,即

$$E = E_{F^-} - E_0 = K - 2.303RT\lg a_{F^-}$$

其中,

$$a_{F^-} = \gamma_{F^-} - C_{F^-}$$

式中,K 在一定条件下为常数。若在实验中保持标准溶液和各个试液间的离子强度一致,即活度系数 γ_{F^-} 为常数,则可以用离子浓度 C_{F^-} 代替式中的活度,有

$$E = K' - 2.303RT\lg a_{F^-}$$

电池电动势 E 为甘汞电极与氟离子选择电极的电势差,即电池电动势 E 与 F^- 浓度的对数成正比。

三、主要仪器和试剂

PHS-3C 型 pH 计、电磁搅拌器、氟离子选择电极、232 型饱和甘汞电极、容量瓶、烧杯。

NaF 标准溶液(100.0 μg/mL,置于塑料瓶中保存)、HCl、固体 NaOH、稀 NaOH 溶液、含氟牙膏、溴钾酚绿指示剂。

四、实验内容

1. 样品制备

称取含氟牙膏 1.0000 g(准确至 0.0001 g)于塑料烧杯中,加入 10 mL 浓盐酸,放入一个搅拌子,用电磁搅拌器充分搅拌约 20 min,加 1~2 滴溴钾酚绿指示剂(呈黄色),依次用固体 NaOH、稀 NaOH 溶液中和至溶液刚好变蓝,再用稀盐酸调至溶液刚好变黄(pH=6.0),转入 100 mL 容量瓶中,定容,过滤。保留滤液备用,同时做空白溶液,即不加试样,其他操作步骤相同。

2. 仪器安装

摘去甘汞电极的橡皮帽,并检查内电极是否浸入饱和 KCl 溶液,如未浸入,应补充饱和 KCl 溶液。甘汞电极接 pH 计正端,氟离子选择电极接 pH 计负端,按下 pH 计上的"-mV"键进行测试。

3. 电动势的测定

在烧杯中加入 25 mL 试液,放入一个搅拌子,将烧杯置于电磁搅拌器上,将电极插入试液(注意,不要使搅拌子碰到电极),搅拌 3 min,静置 1 min,测量其电动势 E_1(相对空白溶液)。接着,向溶液中加入 0.20 mL NaF 标准溶液,搅拌 3 min,静置 1 min,测量其电动势 E_2(相对空白溶液)。E_1 和 E_2 的单位都是伏(V)。

4. 数据处理

按照标准加入法公式折算出牙膏中氟的含量(以 NaF 计):

$$C_{F^-} = \Delta c \times \left(\frac{10\Delta E}{S} - 1 \right) - 1$$

式中,$c = C_s V_s / V_0$,C_s 为 NaF 标准溶液的浓度,V_s 为 NaF 标准溶液的体积,V_0 为试样体积,S 为斜率(此处取值为 0.059),$E = E_2 E_1$。

通过以上公式计算出溶液中氟离子的浓度,并最终折算出牙膏中氟的质量分数。

五、注意事项

由于氟具有腐蚀性,实验中应尽量避免使用玻璃仪器。

六、思考题

(1) 参比电极的作用是什么?
(2) 为什么要调整被测溶液的 pH 值?
(3) 测定时为什么要控制测定时间?

附　　录

附录 A　表面活性剂表面张力及 CMC 的测定

一、实验目的

(1) 掌握表面活性剂表面张力的测定原理和方法。

(2) 掌握由表面张力计算表面活性剂 CMC 的原理和方法。

二、实验原理

表面张力及临界胶团浓度(critical micelle-forming concentration, CMC)是表面活性剂非常重要的性质。若想使液体的表面扩大,需对体系做功,增加单位表面积时,对体系做的可逆功称为表面张力或表面自由能,它们的单位分别是 N/m 和 J/m²。

表面活性剂在溶液中能够形成胶团时的最小浓度称临界胶团浓度,在形成胶团时,溶液的一系列性质都发生突变,原则上,可以用任何一个突变的性质测定 CMC 值,但最常用的是表面张力-浓度对数图法,该法适合各种类型的表面活性剂,准确性好,不受无机盐的影响,只是当表面活性剂中混有具有高表面活性的极性有机物时,曲线出现最低点。

表面张力的测定方法也有多种,较为常用的方法有滴体积(滴重)法和拉起液膜法(环法及吊片法)。

1. 滴体积(滴重)法

滴体积法的特点是简便而精确。液体从一毛细管滴头滴下时,可以发现液滴的大小(用体积或质量表示)和液体表面张力有关:表面张力大,则液滴也大。早在 1864 年,Tate 就提出了表示液滴质量(m)的简单公式:

$$m = 2\pi r\gamma \tag{A.1}$$

式中,r 为滴头的半径。此式表示支持液滴质量的力为沿滴头周边(垂直)的表面张力,但是此式实际是错误的,实测值比计算值低得多。液滴形成过程的高速摄影示意图如附图 A.1 所示。由于液滴的细颈是不稳定的,故液滴总是从此处断开,只有一部分液滴落下,甚至可有 40% 的部分仍然留在管端而未落下。此外,由于形成细颈,表面张力作用的方向与重力作用的方向不一致,它们形成一定的角度,这也使表面张力所能支持的液滴质量变小。因此,可对式(A.1)加以校正,即得

$$m = 2\pi r\gamma f \tag{A.2}$$

$$\gamma = m/2\pi rf = mF/r \tag{A.3}$$

式中,f 为校正系数,$F = 1/2\pi f$ 为校正因子。一般在实验室中,由液滴体积求表面张力更为方便,此时式(A.3)可变为

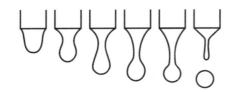

附图 A.1　液滴形成过程的高速摄影示意图

$$\gamma=(V\rho g/r)\cdot F \tag{A.4}$$

式中，V——液滴体积；

　　　　ρ——液滴密度；

　　　　g——重力加速度常数。

根据式（A.4）可由液滴体积计算表面张力。HarRins 和 Brown 借助精确的实验与教学分析方法找出了 f 值的经验关系，得出 f（或 F）是 $r/V^{1/3}$ 或 V/r^3 的函数，他们作出了 f-$r/V^{1/3}$ 关系曲线，为计算表面张力提供了校正因子数值。之后，经一系列改进和补充，逐步得出了较为齐全的校正因子，列于附录 D 中。

对于一般表面活性较高的表面活性剂水溶液，其密度与水的差不多，故用式（A.4）计算表面张力时，可直接以水的密度代替其密度。

滴体积法对界面张力的测定亦比较适用。可将滴头插入油中（如油的密度小于溶液的时），让水溶液自管中滴下，按下式计算表面张力：

$$\gamma_{1,2}=V(\rho_2-\rho_1)g\cdot r^{-1}\cdot F \tag{A.5}$$

式中，$\gamma_{1,2}$ 表示界面张力，$(\rho_2-\rho_1)$ 为两种不相溶液体的密度差。滴体积法对一般液体或溶液的表（界）面张力测定都很适用，但此法非完全平衡方法，对于对表（界）面张力有很长的时间效应的体系则不大适用。

2. 环法

把一圆环平置于液面，测量将环拉离液面所需最大的力，由此可计算出液体的表面张力。当环被向上拉时，环会带起一些液体。当提起液体的质量与交界处的表面张力相等时，液体质量最大。再提升则液环断开，环脱离液面。设环带起的液体呈圆筒形（见附图 A.2），其对环的附加拉力（即除去环本身的重力部分）P 为

$$P=mg=2\pi R'\gamma+2\pi(R'+2r)\gamma=4\pi(R'+r)\gamma=4\pi R\gamma \tag{A.6}$$

式中，m 为拉起来的液体的质量，R' 为环的内半径，r 为环丝半径。实际上，式（A.6）是不完善的，因为实际情况并非如此，而是如附图 A.3 所示。对式（A.6）还加以校正可得

$$\gamma=(P/4\pi R)\cdot F \tag{A.7}$$

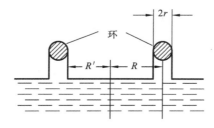

附图 A.2　环法测表面张力理想情况

经大量的实验分析与总结，说明校正因子 F 与 R/r 及 R^3/V 有关（V 为环带起的液体的

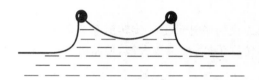

附图 A.3　环法测表面张力实际情况

体积,可由 $P=mg=V\rho g$ 关系求出,ρ 为液体密度)。F 值列于附录 E 中。环法中为测出拉力 P,可借助各种力的测量仪器,最常用的仪器为扭力天平。用扭力天平可测得表面张力,它与拉力的关系为

$$M=mg/(2L) \tag{A.8}$$

式中,L 为环的周长,M 为表面张力,m 为带起液体的重量。

三、主要仪器和试剂

JZHY1-180 界面张力仪(见附图 A.4)、烧杯(50 mL)、移液管(15 mL)、容量瓶(50 mL)、洗耳球。

十二烷基硫酸钠(SDS,用乙醇重结晶)、二次蒸馏水。

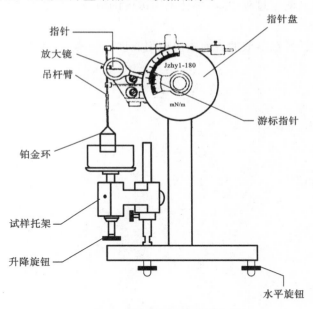

附图 A.4　界面张力仪示意图

四、实验内容

取 1.44 g SDS,用少量二次蒸馏水溶解,然后在 50 mL 的容量瓶中定容(浓度为 0.10 mol/L)。

从 0.10 mol/L 的 SDS 溶液中移取 5 mL,放入 50 mL 的容量瓶中定容(浓度为 0.01 mol/L)。然后依次从上一浓度的溶液中移取 5 mL 稀释 10 倍,配制浓度为 1.00×10^{-1} mol/L $\sim 1.00\times$

10^{-5} mol/L 的五种溶液。

将铂金环插在界面张力仪的吊杆臂上。旋转测量涡轮副手柄,使游标指针与指针盘上的零刻度对齐。调整微调涡轮副手柄,观察放大镜,使指针、反光镜上的红线、指针在反光镜上的像重合。

把被测液体倒入玻璃杯中,深约 20~25 mm,然后将试样玻璃杯放在仪器样品座的中间位置上,旋转样品底座端的升降旋钮,玻璃杯与样品底座一起上升,使铂金环浸入液体,距表面 2 mm 处。

旋转测量涡轮手柄来增加钢丝的扭力,同时旋转升降旋扭使试样下降,使指针、指针在反光镜中的像、反光镜上的红线始终保持重合,如果指针在红线上面,则继续旋转升降旋钮使试样下降,增加液体向下的拉力,使三线合一;如指针在红线下面,则旋转测量涡轮副手柄,直到液体薄膜破裂,此时,指针盘上的读数乘上校正因子就是被测液体的表面张力。

五、注意事项

(1)SDS 的克拉夫特点为 15 ℃,实验温度要高于此温度。

(2)在溶解和定容过程中,要小心操作,尽量避免产生泡沫。

(3)在溶液配制及测定过程中,不要让不同浓度的溶液互相影响,注意灰尘及挥发性物质的影响。

(4)阳离子表面活性剂溶液的表面张力应用滴体积法测定,环法不适用。

附录 B　水蒸气蒸馏

水蒸气蒸馏装置比普通蒸馏装置多一个水蒸气发生器,两装置所用的蒸馏瓶也有所不同。常用的水蒸气蒸馏装置如附图 B.1 所示。

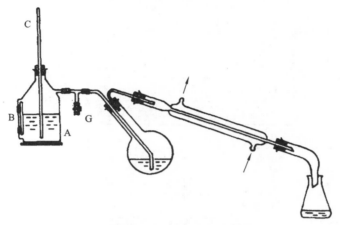

附图 B.1　水蒸气蒸馏装置

如附图 B.1 所示,A 为水蒸气发生器,其是铜或铁制品,可从侧面玻璃管 B 处观察液面。C 是一根长玻璃管,起安全管作用,管的下端接近器底。蒸馏过程中,可根据 B 管中水位的高低与升降情况来判断系统是否堵塞,以保证操作安全。水蒸气发生器也可用烧瓶代替。

需要进行过热水蒸气蒸馏时,可在水蒸气发生器的出口处连接一段金属盘管,用灯焰加热盘管,水蒸气通过盘管即变为过热水蒸气。

为了避免飞溅的液体泡沫被水蒸气带进冷凝管,应使用长颈的圆底烧瓶,而且安装时要有一定的倾斜角度,瓶内所盛液体不能超过容器的三分之一。瓶口配双孔塞,插入水蒸气导入管和混合物水蒸气导出管,导管弯曲角度如附图 B.1 所示。有时也用三口烧瓶代替圆底烧瓶,装置如附图 B.2 所示。

水蒸气发生器与水蒸气导管之间必须连接一个三通 T 形管 G,通过调节弹簧夹的开关来防止蒸馏液倒吸。

水蒸气冷凝时放热较多,所以水蒸气蒸馏用的冷凝管应长一些,冷却水的流速也应大一些。少量物质的水蒸气蒸馏可用克氏蒸馏瓶代替圆底烧瓶,如附图 B.3 所示。

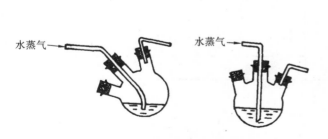

附图 B.2　用三口烧瓶进行水蒸气蒸馏

附图 B.3　用克氏蒸馏瓶进行水蒸气蒸馏

水蒸气通过管道时容易散热,水蒸气发生器和水蒸气导入管应适当紧凑一些,导管不宜太长,否则水蒸气会冷凝成水。

附录 C　不同温度下水的密度、黏度及表面张力

温度/(℃)	密度/(g/cm³)	黏度/(10⁻³Pa·s)	表面张力/(mN/m)
0	0.99987	1.787	75.64
5	0.99999	1.519	74.92
10	0.99973	1.307	74.22
11	0.99963	1.271	74.07
12	0.99952	1.235	73.93
13	0.99940	1.202	73.78
14	0.99927	1.169	73.64
15	0.99913	1.139	73.49
16	0.99897	1.109	73.34
17	0.99880	1.081	73.19
18	0.99862	1.053	73.05
19	0.99843	1.027	72.90
20	0.99823	1.002	72.75
21	0.99802	0.9779	72.59
22	0.99780	0.9548	72.44
23	0.99756	0.9325	72.28
24	0.99732	0.9111	72.13
25	0.99707	0.8904	71.97
26	0.99681	0.8705	71.82
27	0.99654	0.8513	71.66
28	0.99626	0.8327	71.50
29	0.99597	0.8148	71.35
30	0.99567	0.7975	71.18
40	0.99224	0.6529	69.56
50	0.98807	0.5468	67.91
90	0.96534	0.3147	60.75

附录 D　滴体积法测定表面张力的校正因子 F 值

V/r^3	F	V/r^3	F	V/r^3	F	V/r^3	F
37.04	0.2198	18.66	0.2296	10.62	0.2935	6.641	0.2482
36.32	0.2200	18.22	0.2300	10.48	0.2398	6.530	0.2485
35.25	0.2203	17.94	0.2303	10.27	0.2401	6.458	0.2487
34.56	0.2206	17.52	0.2307	10.14	0.2403	6.351	0.2490
33.57	0.2210	17.25	0.2309	9.95	0.2407	6.281	0.2492
32.93	0.2212	16.86	0.2313	9.82	0.2310	6.177	0.2495
31.99	0.2216	16.60	0.2316	9.63	0.2413	6.110	0.2497
31.39	0.2218	16.23	0.2320	9.51	0.2415	6.010	0.2500
30.53	0.2222	15.98	0.2323	9.33	0.2419	5.945	0.2502
29.95	0.22225	15.63	0.2326	9.21	0.2422	5.850	0.2505
29.13	0.22229	15.39	0.2329	9.04	0.2425	5.787	0.2507
28.60	0.22231	15.05	0.2333	8.93	0.2427	5.694	0.2510
27.83	0.2236	14.83	0.2336	8.77	0.2431	5.634	0.2512
27.33	0.2238	14.61	0.2339	8.66	0.2433	5.544	0.2515
26.60	0.2242	14.30	0.2342	8.50	0.2436	5.486	0.2517
26.13	0.2244	13.99	0.2346	8.40	0.2439	5.400	0.2519
25.44	0.2248	13.79	0.2348	8.25	0.2442	5.343	0.2521
25.00	0.2250	13.50	0.2352	8.15	0.2444	5.260	0.2524
24.35	0.2254	13.31	0.2354	8.00	0.2447	5.206	0.2526
23.93	0.2257	13.03	0.2358	7.905	0.2449	5.125	0.2529
23.32	0.2261	12.84	0.2361	7.765	0.2453	5.073	0.2530
22.93	0.2263	12.58	0.2364	7.673	0.2455	4.995	0.2533
22.35	0.2267	12.40	0.2367	7.539	0.2458	4.944	0.2535
21.98	0.2270	12.15	0.2371	7.451	0.2460	4.869	0.2538
21.43	0.2274	11.98	0.2373	7.330	0.2464	4.820	0.2539
21.08	0.2276	11.74	0.2377	7.236	0.2466	4.747	0.2541
20.56	0.2280	11.58	0.2379	7.112	0.2469	4.700	0.2542
20.23	0.2283	11.35	0.2383	7.032	0.2471	4.630	0.2545
19.74	0.2287	11.20	0.2385	6.911	0.2474	4.584	0.2546
19.43	0.2290	10.97	0.2389	6.832	0.2476	4.516	0.2549
18.96	0.2294	10.83	0.2391	6.717	0.2480	4.471	0.2550

续表

V/r^3	F	V/r^3	F	V/r^3	F	V/r^3	F
4.406	0.2553	3.018	0.2607	2.148	0.2646	1.433	0.2656
4.363	0.2554	2.979	0.2609	2.132	0.2647	1.418	0.2655
4.299	0.2556	2.953	0.2611	2.107	0.2648	1.395	0.2654
4.257	0.2557	2.915	0.2612	2.091	0.2648	1.380	0.2652
4.196	0.2560	2.891	0.2613	2.067	0.2649	1.372	0.2649
4.156	0.2561	2.854	0.2615	2.052	0.2649	1.349	0.2648
4.096	0.2564	2.830	0.2616	2.028	0.2650	1.327	0.2647
4.057	0.2566	2.794	0.2618	2.013	0.2651	1.305	0.2646
4.000	0.2568	2.771	0.2619	1.990	0.2652	1.284	0.2645
3.961	0.2569	2.736	0.2621	1.975	0.2652	1.255	2.2644
3.906	0.2571	2.713	0.2622	1.953	0.2652	1.243	0.2643
3.869	0.2573	2.680	0.2623	1.939	0.2652	1.223	0.2642
3.805	0.2575	2.657	0.2624	1.917	0.2654	1.216	0.2641
3.779	0.2576	2.624	0.2626	1.903	0.2654	1.204	0.2640
3.727	0.2578	2.603	0.2627	1.882	0.2655	1.180	0.2639
3.692	0.2579	2.571	0.2628	1.868	0.2655	1.177	0.2638
3.641	0.2581	2.550	0.2629	1.847	0.2655	1.167	0.2637
3.608	0.2583	2.518	0.2631	1.834	0.2656	1.148	0.2635
3.599	0.2585	2.498	0.2632	1.813	0.2656	1.130	0.2632
3.526	0.2586	2.468	0.2633	1.800	0.2656	1.113	0.2629
3.478	0.2588	2.448	0.2624	1.781	0.2657	1.096	0.2625
3.447	0.2589	2.418	0.2635	1.768	0.2657	1.079	0.2622
3.400	0.2591	2.399	0.2636	1.758	0.2657	1.072	0.2621
3.370	0.2592	2.370	0.2637	1.749	0.2657	1.062	0.2619
3.325	0.2594	2.352	0.2638	—	—	1.056	0.2618
3.295	0.2595	2.324	0.2639	1.705	0.2657	1.046	0.2616
3.252	0.2597	2.305	0.2640	1.687	0.2658	1.040	0.2614
3.223	0.2598	2.278	0.2641	—	—	1.306	0.2613
3.180	0.2600	2.260	0.2642	1.534	0.2658	1.024	0.2611
3.152	0.2601	2.234	0.2643	1.519	0.2657	1.015	0.2609
3.111	0.2603	2.216	0.2644	—	—	1.009	0.2608
3.084	0.2604	2.190	0.2645	1.457	0.2657	1.000	0.2606
3.044	0.2606	2.173	0.2645	1.443	0.2656	0.994	0.2604

V/r^3	F	V/r^3	F	V/r^3	F	V/r^3	F
0.9852	0.2602	0.8395	0.2563	0.7214	0.2516	0.6244	0.2460
0.9793	0.2601	0.8349	0.2562	0.7175	0.2514	0.6212	0.2457
0.9706	0.2599	0.8275	0.2559	0.7116	0.2511	0.6165	0.2454
0.9648	0.2597	0.8232	0.2557	0.7080	0.2509	0.6133	0.2453
0.9564	0.2595	0.8163	0.2555	0.7020	0.2506	0.6086	0.2449
0.9507	0.2594	0.8117	0.2553	0.6986	0.2504	0.6055	0.2446
0.9423	0.2592	0.8056	0.2551	0.6931	0.2501	0.6016	0.2443
0.9368	0.2591	0.8005	0.2549	0.6894	0.2499	0.5979	0.2440
0.9286	0.2589	0.7940	0.2547	0.6842	0.2496	0.5934	0.2437
0.9232	0.2587	0.7894	0.2545	0.6803	0.2495	0.5904	0.2435
0.9151	0.2585	0.7836	0.2543	0.6750	0.2491	0.5864	0.2431
0.9098	0.2584	0.7786	0.2541	0.6714	0.2489	0.5831	0.2429
0.9019	0.2582	0.7720	0.2538	0.6662	0.2486	0.5787	0.2426
0.8967	0.2580	0.7679	0.2536	0.6627	0.2484	0.5440	0.2428
0.8890	0.2578	0.7611	0.2534	0.6575	0.2481	0.5120	0.2440
0.8839	0.2577	0.7575	0.2532	0.6541	0.2479	0.4552	0.2486
0.8763	0.2575	0.7513	0.2529	0.6488	0.2476	0.4064	0.2555
0.8713	0.2573	0.7472	0.2527	0.6457	0.2474	0.3644	0.2638
0.8638	0.2571	0.7311	0.2525	0.6401	0.2470	0.3280	0.2722
0.8589	0.2569	0.7273	0.2523	0.6374	0.2468	0.2963	0.2806
0.8516	0.2567	0.7311	0.2520	0.6336	0.2465	0.2685	0.2888
0.8468	0.2565	0.7273	0.2518	0.6292	0.2463	0.2441	0.2974

附录 E　环法的校正因子 F 值

R^3/V	$R/r=30$	32	34	36	38	40	42	44	46	48	50	52	54	56	58	60	65	70	75	80
0.30	1.012	1.018	1.024	1.029	1.034	1.038	1.042	1.046	1.049	1.052	1.054									
0.31	1.006	1.013	1.002	1.024	1.028	1.033	1.039	1.041	1.044	1.046	1.049									
0.32	1.001	1.008	1.001	1.019	1.023	1.028	1.033	1.035	1.039	1.041	1.045									
0.33	0.996	1.003	1.001	1.014	1.018	1.029	1.028	1.03	1.035	1.036	1.04									
0.34	0.991	0.998	1	1.01	1.014	1.019	1.023	1.026	1.031	1.032	1.036									
0.35	0.987	0.993	0.999	1.006	1.008	1.015	1.019	1.022	1.026	1.027	1.031									
0.36	0.952	0.989	0.995	1.002	1.005	1.01	1.015	1.018	1.022	1.024	1.027									
0.37	0.978	0.985	0.991	0.998	1.001	1.006	1.011	1.014	1.018	1.02	1.024									
0.38	0.974	0.981	0.987	0.995	0.998	1.003	1.007	1.01	1.015	1.017	1.02									
0.39	0.971	0.977	0.983	0.991	0.994	0.999	1.004	1.007	1.011	1.013	1.017									
0.40	0.967	0.974	0.98	0.986	0.991	0.996	1.000	1.004	1.008	1.01	1.013	1.016	1.018	1.02	1.021	1.022				
0.41	0.964	0.97	0.996	0.983	0.987	0.992	0.997	1.001	1.005	1.007	1.01	1.013	1.015	1.017	1.019	1.019				
0.42	0.961	0.968	0.973	0.98	0.984	0.989	0.994	0.998	1.002	1.004	1.007	1.01	1.013	1.014	1.016	1.017				
0.43	0.958	0.964	0.97	0.977	0.981	0.986	0.991	0.995	0.999	1.001	1.005	1.007	1.01	1.011	1.014	1.014				
0.44	0.955	0.961	0.967	0.974	0.979	0.983	0.988	0.992	0.997	0.998	1.002	1.005	1.007	1.009	1.011	1.011				
0.45	0.952	0.959	0.965	0.971	0.976	0.981	0.986	0.99	0.993	0.996	0.999	1.002	1.004	1.006	1.009	1.009				
0.46	0.949	0.956	0.962	0.969	0.973	0.978	0.983	0.987	0.991	0.994	0.997	1.000	1.002	1.004	1.006	1.007				
0.47	0.947	0.954	0.96	0.966	0.971	0.976	0.98	0.985	0.988	0.992	0.995	0.998	1.000	1.002	1.004	1.005				

续表

R^3/V	$R/r=30$	32	34	36	38	40	42	44	46	48	50	52	54	56	58	60	65	70	75	80
0.48	0.944	0.951	0.957	0.963	0.968	0.973	0.978	0.983	0.986	0.989	0.992	0.995	0.997	0.999	1.002	1.003				
0.49	0.942	0.949	0.955	0.961	0.966	0.971	0.976	0.981	0.984	0.987	0.99	0.993	0.995	0.997	1.000	1.001				
0.50	0.94	0.946	0.952	0.959	0.964	0.969	0.973	0.978	0.981	0.985	0.988	0.991	0.993	0.995	0.997	0.998				
0.51	0.938	0.944	0.95	0.956	0.961	0.967	0.971	0.976	0.979	0.983	0.986	0.989	0.991	0.993	0.995	0.997				
0.52	0.935	0.942	0.948	0.954	0.959	0.965	0.969	0.974	0.977	0.981	0.984	0.987	0.989	0.991	0.994	0.995				
0.53	0.934	0.94	0.946	0.952	0.957	0.963	0.967	0.972	0.975	0.979	0.982	0.985	0.987	0.99	0.992	0.993				
0.54	0.932	0.938	0.944	0.95	0.955	0.96	0.965	0.97	0.974	0.977	0.98	0.983	0.986	0.988	0.99	0.991				
0.55	0.93	0.936	0.942	0.948	0.953	0.959	0.964	0.968	0.972	0.975	0.978	0.981	0.984	0.986	0.988	0.989				
0.56	0.928	0.934	0.94	0.946	0.951	0.957	0.962	0.966	0.97	0.974	0.976	0.98	0.982	0.984	0.986	0.988				
0.57	0.926	0.932	0.939	0.944	0.949	0.955	0.96	0.964	0.968	0.972	0.975	0.978	0.98	0.983	0.984	0.986				
0.58	0.925	0.93	0.938	0.942	0.947	0.953	0.958	0.963	0.966	0.97	0.973	0.976	0.979	0.981	0.982	0.984				
0.59	0.923	0.929	0.935	0.94	0.946	0.952	0.956	0.961	0.965	0.968	0.971	0.975	0.977	0.979	0.981	0.983				
0.60	0.922	0.927	0.933	0.939	0.944	0.95	0.954	0.959	0.963	0.967	0.97	0.973	0.976	0.979	0.979	0.981				
0.62	0.918	0.924	0.93	0.936	0.941	0.947	0.951	0.956	0.96	0.964	0.967	0.97	0.973	0.975	0.976	0.978				
0.64	0.915	0.921	0.927	0.932	0.938	0.944	0.948	0.953	0.957	0.961	0.964	0.968	0.97	0.972	0.973	0.975				
0.66	0.912	0.918	0.925	0.93	0.935	0.941	0.946	0.85	0.954	0.959	0.961	0.965	0.967	0.969	0.971	0.973				
0.68	0.909	0.915	0.921	0.927	0.932	0.938	0.943	0.948	0.951	0.956	0.959	0.963	0.965	0.967	0.968	0.97				
0.7	0.9064	0.912	0.919	0.924	0.929	0.9532	0.94	0.945	0.949	0.953	0.9563	0.96	0.962	0.964	0.966	0.9678				
0.72	0.9037	0.91	0.916	0.921	0.927	0.9328	0.937	0.943	0.946	0.951	0.9542	0.957	0.96	0.962	0.964	0.9656				
0.74	0.9012	0.907	0.913	0.919	0.924	0.9303	0.935	0.94	0.944	0.949	0.9519	0.955	0.958	0.96	0.962	0.9636				

续表

R^2/V	$R/r=30$	32	34	36	38	40	42	44	46	48	50	52	54	56	58	60	65	70	75	80
0.76	0.8987	0.905	0.911	0.916	0.922	0.9277	0.933	0.938	0.942	0.947	0.9495	0.953	0.956	0.958	0.96	0.9616				
0.78	0.8964	0.902	0.908	0.914	0.92	0.9258	0.93	0.936	0.939	0.944	0.9475	0.951	0.954	0.956	0.958	0.9598				
0.8	0.8937	0.9	0.906	0.912	0.918	0.923	0.928	0.933	0.937	0.942	0.9454	0.949	0.952	0.954	0.956	0.9581				
0.82	0.8917	0.898	0.904	0.909	0.915	0.9211	0.926	0.931	0.935	0.94	0.9436	0.947	0.95	0.952	0.954	0.9563				
0.84	0.8894	0.895	0.902	0.907	0.913	0.919	0.924	0.929	0.933	0.938	0.9419	0.946	0.949	0.951	0.953	0.9548				
0.86	0.8874	0.893	0.9	0.905	0.911	0.9171	0.922	0.927	0.932	0.936	0.9402	0.944	0.947	0.949	0.951	0.9534				
0.88	0.8853	0.891	0.898	0.903	0.909	0.9152	0.921	0.926	0.93	0.934	0.9384	0.942	0.945	0.947	0.95	0.9517				
0.9	0.8831	0.889	0.896	0.902	0.907	0.9131	0.919	0.924	0.928	0.933	0.9367	0.94	0.943	0.946	0.948	0.9504				
0.92	0.8809	0.887	0.894	0.9	0.905	0.9114	0.917	0.922	0.926	0.931	0.935	0.939	0.942	0.945	0.947	0.9489				
0.94	0.8791	0.885	0.892	0.898	0.904	0.9097	0.915	0.92	0.925	0.929	0.9333	0.937	0.94	0.943	0.945	0.9476				
0.96	0.877	0.883	0.89	0.896	0.902	0.9074	0.914	0.919	0.923	0.928	0.932	0.936	0.939	0.942	0.944	0.9562				
0.98	0.8754	0.882	0.888	0.894	0.9	0.9064	0.912	0.917	0.922	0.926	0.9305	0.934	0.937	0.94	0.943	0.9452				
1	0.8734	0.88	0.886	0.892	0.899	0.9047	0.91	0.916	0.92	0.925	0.929	0.933	0.936	0.939	0.941	0.9438				
1.05	0.8688	0.875	0.882	0.888	0.895	0.9007	0.906	0.912	0.916	0.921	0.9253	0.929	0.932	0.936	0.938	0.9408				
1.1	0.8644	0.871	0.878	0.885	0.891	0.897	0.903	0.908	0.913	0.917	0.9217	0.925	0.929	0.933	0.935	0.9378				
1.15	0.8602	0.867	0.875	0.881	0.888	0.8937	0.9	0.905	0.91	0.914	0.9183	0.92	0.926	0.93	0.933	0.9352				
1.2	0.8561	0.864	0.871	0.878	0.885	0.8904	0.897	0.902	0.907	0.911	0.9154	0.92	0.923	0.927	0.93	0.9324				
1.25	0.8521	0.86	0.868	0.875	0.882	0.8874	0.893	0.899	0.904	0.908	0.9125	0.916	0.92	0.924	0.927	0.93				
1.3	0.8484	0.856	0.864	0.871	0.878	0.8845	0.891	0.896	0.901	0.905	0.9097	0.914	0.917	0.921	0.925	0.9277				
1.35	0.8451	0.853	0.861	0.869	0.876	0.8819	0.888	0.893	0.898	0.903	0.9068	0.911	0.915	0.919	0.922	0.9253				

续表

R^3/V \ R/r	30	32	34	36	38	40	42	44	46	48	50	52	54	56	58	60	65	70	75	80
1.4	0.842	0.85	0.858	0.866	0.873	0.8794	0.885	0.891	0.896	0.9	0.9043	0.909	0.913	0.916	0.92	0.9232				
1.45	0.8387	0.847	0.855	0.863	0.871	0.8764	0.883	0.888	0.893	0.898	0.9014	0.906	0.91	0.914	0.918	0.9207				
1.5	0.8356	0.844	0.853	0.861	0.868	0.8744	0.881	0.886	0.891	0.895	0.8995	0.904	0.908	0.912	0.916	0.919				
1.55	0.8327	0.841	0.85	0.858	0.866	0.8722	0.878	0.883	0.888	0.893	0.897	0.901	0.906	0.91	0.914	0.9171		0.928		0.9382
1.6	0.8297	0.839	0.848	0.856	0.863	0.87	0.876	0.881	0.886	0.891	0.8947	0.899	0.904	0.908	0.912	0.9152	0.922	0.928	0.933	0.9365
1.65	0.8272	0.836	0.845	0.853	0.861	0.8678	0.874	0.879	0.884	0.889	0.8927	0.897	0.902	0.906	0.91	0.9133	0.921	0.927	0.931	0.9354
1.7	0.8245	0.834	0.843	0.851	0.859	0.8658	0.872	0.877	0.882	0.886	0.8906	0.895	0.9	0.904	0.909	0.9116	0.919	0.925	0.93	0.9341
1.75	0.8217	0.831	0.84	0.849	0.857	0.8638	0.87	0.875	0.88	0.884	0.8886	0.893	0.898	0.902	0.907	0.9097	0.918	0.924	0.929	0.9328
1.8	0.8194	0.829	0.838	0.847	0.855	0.8618	0.868	0.873	0.878	0.882	0.8867	0.891	0.896	0.9	0.905	0.908	0.916	0.922	0.927	0.9317
1.85	0.8168	0.827	0.836	0.845	0.853	0.8596	0.866	0.871	0.876	0.881	0.8849	0.889	0.895	0.899	0.903	0.9066	0.915	0.921	0.926	0.9305
1.9	0.8143	0.824	0.834	0.843	0.851	0.8578	0.864	0.869	0.874	0.879	0.8831	0.888	0.893	0.897	0.902	0.9047	0.913	0.919	0.925	0.9291
1.95	0.8119	0.822	0.832	0.841	0.849	0.8559	0.862	0.867	0.872	0.877	0.8815	0.886	0.891	0.895	0.9	0.9034	0.912	0.918	0.923	0.9281

参 考 文 献

[1] 梁亮. 精细化工配方原理与剖析[M]. 北京:化学工业出版社,2007.

[2] 赵何为,朱承炎. 精细化工实验[M]. 上海:华东化工学院出版社,1992.

[3] 周春隆. 精细化工实验法[M]. 北京:中国石化出版社,1998.

[4] 蔡干,曾汉维,钟振声. 有机精细化学品实验[M]. 北京:化学工业出版社,2007.

[5] 强亮生,王慎敏. 精细化工综合实验[M]. 7版. 北京:哈尔滨工业大学出版社,2015.